大樂文化

大樂文化

暢銷
紀念版

星巴克、宜得利獲利*10*倍的

訂價模式

為什麼訂高價，買氣卻更好？該如何便宜賣，還能賺更多？

千賀秀信◎著 黃瓊仙◎譯

なぜ、スーツは2着目半額のほうがお店は儲かるのか？

大樂文化

Contents
目錄

第1章

擬訂訂價策略，首先要確定「市場定位」

第4章

競爭策略訂價法——在激烈價格戰中，持續獲利有訣竅 181

第5章

用4個生活上常見的價格算式，練出你的數字鼻！

※本書所列的價格、資訊，沒有特別說明時，皆是二〇一五年七月以前的資料。
※本書為了讓計算單純化，沒有特別說明時，都以未含稅的價位計算。

推薦序

懂得訂價才能獲利

文／味丹企業處長　張雄輝

一位平常重視實用的朋友，問我：「你為何買那麼貴的A牌手機。」「我的手機比你的手機貴1萬元，其中5千是功能，另外5千元是品牌」我半開玩笑地說。

書中開頭談到決定價格，有三個關鍵因素：

1. 成本：訂價要比成本高，才有獲利。
2. 需求：消費者要認為你的產品值得這個價格。
3. 競爭：產品的性價比（CP值）要比競爭者高，或者有所差異。

透過我買手機的例子，來說明上述的關鍵要素。我買的品牌是全球獲利最高的手機公司，全球手機市場的利潤曾有九二%是這家公司賺走，換句話說，他們的訂價方法不是「成本加成」，而是「認知價格」（見第28頁）。

A牌手機的價格比其他品牌高，原因是功能和品牌。所謂功能，是「需求導向」的設計，而品牌則是提高「附加價值」的方法，讓我願意支付比其他競爭品牌貴一萬元的錢購買。

我買高價手機，而朋友買相對低價一萬元的手機，這就是廠商在競爭市場中，各自尋找「市場定位」。我們在評斷價格是否合理時，常用其他品牌的訂價作為參考點，經濟學家稱這種評值為「錨定效應」。本書也介紹了這個概念，運用在原價與折扣價的對比上，促銷讓消費者感受到產品變便宜而購買。

訂價看似簡單，但其中充滿各種可能，前文談到的理論，書中均詳細說明原由和案例，而且有更多精妙的方法。

本書圖文並茂，重要的理論和觀點，都用圖表或清晰的算式呈現，讓讀者容易理解。例如，成本的固定與變動、損益二平概念，皆以簡單的堆積圖和線圖表現，沒有財會基礎的人也能一看就懂，輕鬆吸收。

「我不要聽大道理，給我說故事」，是小朋友到大人一致的心聲，《星巴克、宜得利獲利10倍的訂價模式》能滿足這個需求，每一章節都用案例說明，以增進理解，讀者容易效法並應用於自家企業。

訂價是經營的大事，從產品定位、決定價格，到如何運用附加價值提高售價、如何運用低價獲利，以及洞察消費者心理，在價格競爭中促銷維持高獲利，這些祕密均在本書中。

無論企業是要走平價或奢華策略，獲利都是終極目標。《星巴克、宜得利獲利10倍的訂價模式》是值得重複閱讀與深思的書。

前言

訂價顯現了經營策略，也決定企業獲利多寡

當你在購物消費時，讓你下定決心購買的關鍵是什麼？可能是商品的價值、設計、價格等各種因素。

然而，「全部特價」、「買兩件第二件半價」、「一個月前預約半價」等行銷語言，應該會讓許多人忍不住心動吧？

對消費者而言，能買到物美價廉的商品當然開心。但對商家來說又是什麼情況呢？在看到打折時，你是否會想，賣得這麼便宜有賺頭嗎？相反地，你應該也有過商品雖然高價，卻還是想要買的經驗吧。

仔細想想，關於價格這件事，竟有這麼多不可思議之處。在超市一個一百日圓的優格，在便利超商的售價是一百五十日圓。在街頭自動販賣機一瓶一百二十至

一百三十日圓的茶飲，到了山上可能賣到兩百日圓。這樣的價格差異背後，隱藏著策略。換句話說，看到價格便能洞悉策略。

那麼，何謂「高價暢銷」策略？何謂「低價獲利」策略？關鍵就在於「邊際收益」。本書將詳細說明邊際收益的重點，以及附加價值與價格之間的關係。

想解開關於價格策略的謎題，首先必須理解策略與會計之間的關係，我將這種能力稱為計算能力。只要具備這項能力，就能擺脫「無獲利策略」的緊箍咒。

在《稻盛和夫的實學：經營與會計》中，**稻盛和夫說：「不懂會計就不會經營」，更強調「訂價是經營之本」**。在商場上，價格是非常重要的因素。

本書列舉日常生活中常見的價格問題和案例，來說明經營策略、行銷策略、商業模式與會計的關係。期盼各位看完本書後，商業知識與賺錢能力都有所提升。

Date / /

序章

為何他們能創造高利潤？關鍵是懂得「訂價模式」

價格是由3個觀點決定：成本、需求、競爭

在本書中，我想藉由各位生活中常見的商品價格，說明關於訂價策略與會計的話題。

一般說到啤酒價位，只是一種統稱，其實又分成各種價格。從一般啤酒到高檔的頂級啤酒（Premium Beer）或手工精釀啤酒（Craft Beer），以及到處都能買到的便宜第三類啤酒（完全不含麥芽的調味酒），每一種的價格都不一樣。這些價格的背後，都隱藏著商業策略。

本書將透過具體實例，說明價格與策略之間的關係。不過，首先將針對基本的訂價方法加以說明。

在決定價格時，有三個觀點是考量關鍵。這三個觀點是成本、需求、競爭。接下來會分別舉例說明。

或許有人會覺得，怎麼一開始就進入高難度的話題，但是想創造利潤，這是非常重要的觀念，請耐心閱讀。

決定價格的第一步，是最基礎的「成本加成訂價法」

首先介紹考量成本的訂價方式，這是指在決定價格時依據成本來訂價，也就是說，成本加上毛利就是價格（**成本＋毛利＝價格**）。

成本包括製作商品所需的材料費、人事費，還有銷售所需的營業費用等，是製作、促銷商品時的各種費用總稱。

成本項目中，工廠產生的成本稱為**製造成本**。

製造成本是指產品製程中的所有費用，構成項目有材料費、勞務費（工廠人事費）、生產經費（水電瓦斯費、折舊費、外包加工費）等（請見圖0-1）。累加製造成本則稱為**成本計算**。

圖0-1　成本與價格的關係

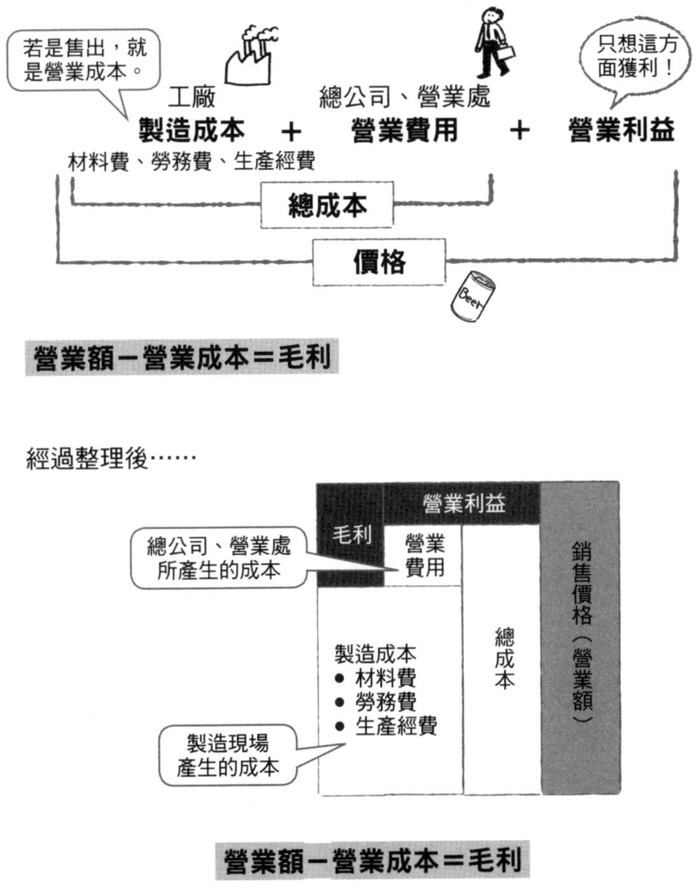

※註：生產經費有時會簡稱為經費。

在製造業，是先計算產品的製造成本，再加上毛利來決定價格。以這個概念決定價格的方法，稱為**成本加成訂價法**（Cost-Plus Pricing）。對稍懂會計的人而言，或許以「製造成本＋營業費用＋營業利益＝價格」的公式來思考，會比較容易理解。也有人將製造成本與營業費用的合計，稱為**總成本**。

在會計學中，將已賣出的製造成本標記為營業成本。於是，營業額（價格）－營業成本＝毛利。

另一方面，零售商或批發商等物流業不需要計算製造成本，而是用採購成本加上毛利，以此決定價格。這個方法稱為加成訂價法（Mark-up Pricing）。

如何訂定啤酒價格？

❶ 試著思考罐裝啤酒的製造成本

罐裝啤酒的價格結構，大致如圖0-2所示。

以加成訂價法計算，製造成本四十三＋酒稅七十七，合計一百二十日圓，再加

圖0-2 350ml 啤酒的價格結構（作者推估）

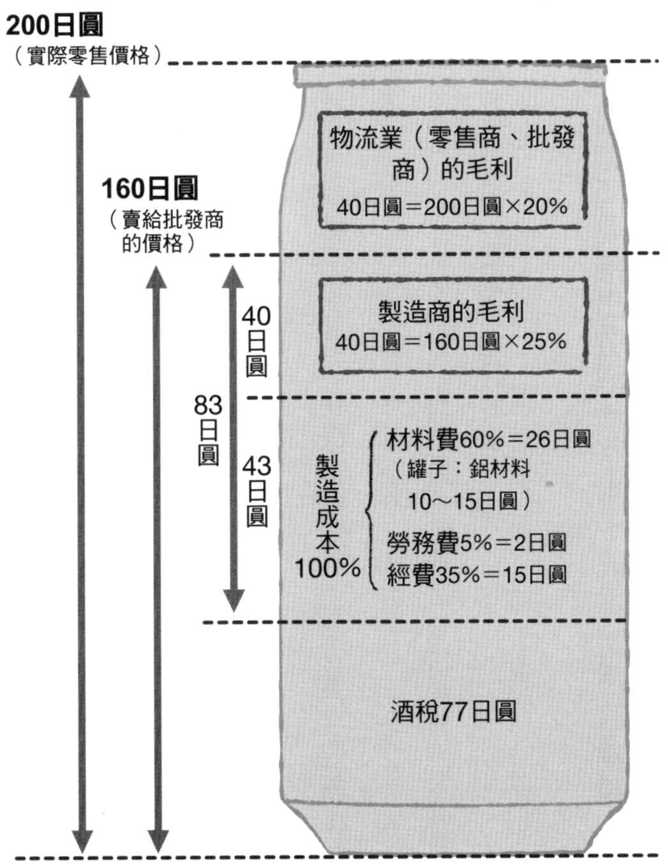

上毛利四十日圓，因此製造商將出貨價格（批發價格）訂為一百六十日圓。多數製造業會先計算製造成本，並依此決定價格。

❷超市的零售價格是以「加成訂價法」計算

另一方面，超市等零售商如何決定價格呢？

假設零售商以一百六十八日圓（批發商的採購價格一百六十日圓＋批發商毛利八日圓）的價位，從批發商手中買進，在決定價格時，需考量自家公司的預定毛利率（自家公司認為必須達到的毛利率）。假設預定毛利率是一六％，零售商的售價為兩百日圓（168÷〔1－0.16〕）。在物流業，將預定毛利率稱為加價率（Mark-up Rate）。這種價格設定法就是加成訂價法。

為何啤酒製造商要推出發泡酒？——成本結構的課題

在看了圖0-2的成本結構後，想必你已經知道啤酒的價格中，有三分之一是酒稅。這時你是否會想：「我喝一罐啤酒，竟然付了這麼高的稅」，或「若是酒稅能降低，啤酒不就可以更便宜？」

大家都知道，啤酒製造商為了滿足消費者的低價需求，除了啤酒，也開發酒稅便宜的發泡酒、第三類啤酒（其他發泡性釀造酒等）。不過，這使得啤酒產業為了爭奪市佔率，價格競爭變得非常激烈。

因此，物流業（批發商、零售商）的課題也跟著浮出檯面。批發商和零售商的物流毛利是四十日圓，批發商拆分八日圓，零售商拆分三十二日圓，利潤非常薄。若是拿到網路販售，以一罐兩百日圓的價格切貨，原本預估的毛利四十日圓便形同畫裡的大餅，看得到卻吃不到。

由此可知，只賣啤酒一項商品，公司根本無法生存。那麼，物流業者該如何確保毛利呢？

這個問題的答案，就在接下來要說明的需求導向的價格設定裡。

依照顧客想法，量身打造的「需求導向訂價法」

所謂「需求導向」的訂價方式，是指依據購買慾（需求）和消費者意念強度來決定價格。

❶依購買慾（需求）強度，決定價格的案例

每逢跨年及黃金週，日本知名觀光地區的旅館住宿費就會變得很貴。這是因應需求而調整價格，大家應該都能體諒。就算需求大增使得住宿費高漲，預約人數卻沒有減少。平常一人一晚一萬五千日圓（附兩餐）的旅館，到了旺季就將住宿費加倍，漲成三萬日圓。站在消費者的立場，實在很難接受這樣的漲價行為。雙倍的住

宿費是如何訂出來呢？（具體情況會在第五章中詳述。）

雖然旅館業者不需對消費者詳細說明，高額住宿費背後的價格設定過程，但專業的旅館業者必須提供讓消費者感到驚喜的差異化服務，例如「餐點換成特別菜單」、「附贈平日沒有的伴手禮」、「安排特別的表演節目」等等，否則顧客會覺得旅館只是趁機漲價，日後可能因此流失客群。

如果要籌備特別企劃，必須先計算**損益平衡點**（Break-even Point，簡稱BEP）。關於損益平衡點的概念，會在其他章節再詳細舉例說明。

簡單地說，損益平衡點就是「成本超過這個界限便會虧損」、「為了創造利潤，價格必須訂為多少」，企圖創造出利潤的平衡點。損益平衡點不僅能用於訂價，想在工作上創造收益的人也要懂得這項會計知識。

在行銷學上，這種價格設定法稱為**需求差別訂價法**（Demand Discrimination Pricing）。這種方法因應消費者、地點、時期、時間等需求差異，對同一件商品或同一項服務，設定多種價格。

比方說，就消費族群而言，有的餐廳或電影院會推出「週三女性折扣日」的方案。就地點類別而言，演唱會入場券的價格會因位置（搖滾區、座位區等）的不同，而有不同的訂價。就時期而言，除了之前提到的旺季住宿費變貴，還有提早預約打折扣的早鳥方案。就時間類別而言，深夜收費加成、早晨收費折扣就是最好的例子。

如果換成啤酒，又會是什麼情況呢？雖然使用相同的原料，但若是現場製作的啤酒，即使價格貴了點，還是會有人買單。

❷如果消費者是富裕階層，貴一點沒關係？——依照消費者的口袋深度決定價格的案例

有種訂價方法，是事先預想消費者可以接受的商品或服務價格，再依此設定價格。

在行銷學上，這個方法稱為**認知價值訂價法**（Perceived-value Pricing）。例如，在開發新款汽車時，先設定目標客群，再透過市場調查推估目標客群能接受的價格。

如果將訂價設定為三百萬日圓，為了達到目標毛利率（假設為三〇%），廠商就會努力將製造成本控制在兩百一十萬日圓（3,000,000×〔1－0.3〕）以下，並依此進行產品開發。這種決定製造成本的方法稱為**目標成本法**（Target Costing）。

參考業界價格，決定追隨或競價的「競爭策略訂價法」

也有以其他競爭企業所訂的價格為基準，來決定自家商品價格的方法，目的是藉由與其他企業競爭贏得顧客，或是為了避免競爭。

❶ 以其他競爭企業的價格為基準，設定更低價格的方法

依據其他競爭企業的價格，設定更低價格的方法，稱為**追隨訂價法**（Follow Pricing）。

在競爭激烈的家電量販店、食品超市、藥妝店等業界，當主力商品或服務（大眾化商品）無法與其他公司有所區別，薄利多銷會導致價格競爭變得更加激烈。於是，為了在競爭中贏得勝利，會將低價競爭當作是擴大市佔率的最終手段。追隨訂價法可說是十分常見的價格設定法。

❷參考業界平均價格，以此為基準的價格設定法

參考業界平均價格，以此為基準的價格設定法，稱為**實價訂價法**（Actual Pricing）。當商品或服務很難做出差異化，或為了避免同業間的惡性競爭時，就會採取這個方法。

最好的例子是在同一個地區的加油站，汽油的價格都一樣，因為大多數消費者認為，不管到哪個加油站加油，都是一樣的。

其實，加油站的毛利未達一〇％，假設加一公升油是一百四十日圓，毛利大概只有十至十四日圓。在這樣的毛利標準下，若為了招攬顧客，把價格降得比鄰近加油站低，將毫無利潤可言，所以才會採取實價訂價法，盡量避免與同行競爭。

❸透過拍賣決定價格的方法

買家設定買進價格（預定價格），從比預定價格還低價的賣家當中，選擇向最低價賣家購買的方法，稱為**投標訂價法**（Sealed-bid Pricing）。當賣家很多或是要選擇簽約對象時，就會使用這個方法。國家或地方政府舉辦的競標就是一個例子。

也有賣家從多數買家當中選定買家的情況。這時，商品會賣給提出最高價格的買家，就像網路拍賣一樣。中古車業者每天都會舉辦這樣的拍賣活動。

雖然零售業、製造業也會採用這個訂價法，但是服務業會因為產品或服務內容而有不同的做法，無法一語道盡。

製作軟體的企業會採用成本加成訂價法，有時也會以競爭價格來決定訂價。遊樂園業者則是先分析損益平衡點，再決定入場門票的價格（目標營業額÷預估入園人數）。

本章重點整理

■價格的背後隱藏著商業策略，關鍵在於三個考量觀點：成本、需求、競爭。

■所謂「成本考量」訂價法，製造業是以製造成本再加上毛利來設定價格，物流業則是以採購成本加上毛利來決定價格。

■所謂「需求導向」訂價法，是因應消費者、地點、時期等的需求差異，針對商品或服務來決定價格。

■所謂「競爭策略」訂價法，是以其他企業的價格作為參考基準，採取追隨、實價或是拍賣競價來決定價格。

※編輯部整理

第1章

擬訂訂價策略，首先要確定「市場定位」

依據2W1H，搭配行銷4P來思考銷售策略

在這個章節中，想跟各位聊聊本書所提到的「策略」。

策略有兩種意義，分別是經營策略與行銷策略。若無法區別，就無法深入理解經營這門學問。為了讓各位掌握如何區別的訣竅，接下來將舉實例說明。各位在閱讀相關報章雜誌時，這也是非常重要的參考概念。

辨別經營策略與行銷策略的差異

請看圖1-1，就能理解經營策略（策略範疇）與行銷策略的定位。

圖1-1　經營策略與行銷策略的關係

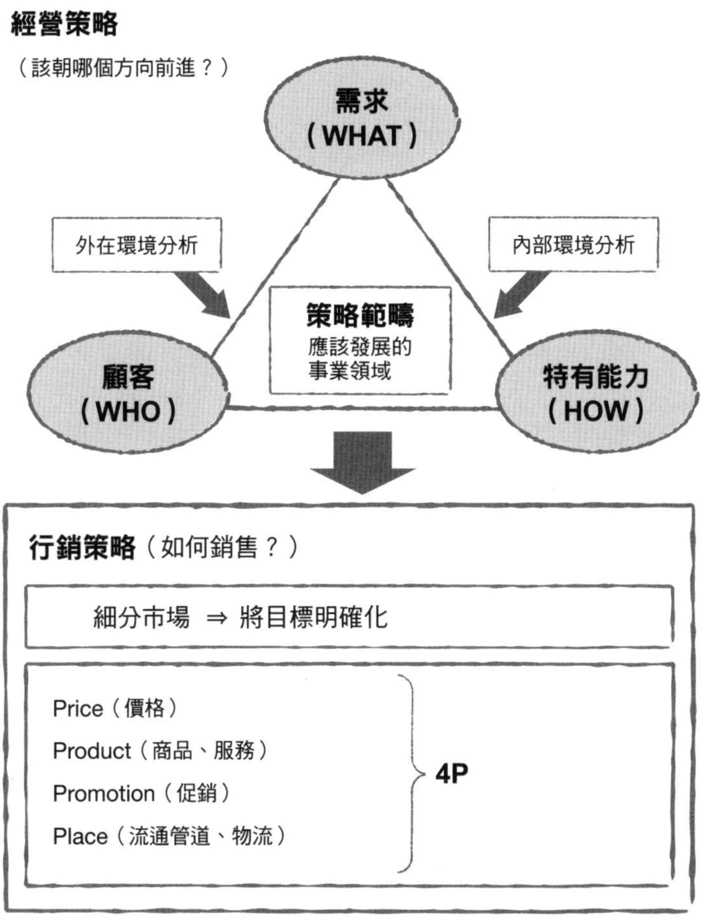

經營策略是指企業該朝哪個方向前進，行銷策略則是依據經營策略，思考該如何銷售商品或服務。關鍵在於，如果經營策略不明確，行銷策略就無法有效運作。

在討論經營策略時，依據**顧客**、**需求**、**特有能力**等三項要素，來決定企業發展方向、要在什麼樣的戰場打仗，就是所謂的**策略範疇**。

思考行銷策略時，則是透過四項要素，那就是Price（價格）、Product（商品、服務）、Promotion（促銷）、Place（流通管道）。這原本是製造業在思考行銷策略時所衍生的模式，後來被批發業、零售業、服務業廣泛使用。統合這四項要素來思考行銷策略的模式，便稱為**行銷組合**（Marketing Mix）。

圖1-2標示各行業的行銷組合。在思考各行業的行銷策略時，會因重視的項目不同，而變更內容。請當作思考行銷組合時的參考。此外，也請各位建構自己獨有的行銷組合。

圖1-2 行銷組合

	Price	Product	Promotion	Place
製造業	價格	商品	促銷	物流管道
批發業	價格	備齊商品	零售支援	物流系統 資訊系統
零售業	價格	備齊商品	銷售員 服務 廣告	店鋪設備 地點 陳列 營業時間
服務業	價格	提供服務	服務人員 接待人員	服務流程

案例

比較便利商店與小型超市的行銷手法

接下來要探討的是便利商店的策略。閱讀以下文章時，請將焦點放在經營策略與行銷策略的差異上。

便利商店的誕生，是為了滿足都會區狹窄商圈的購物需求，其策略範疇是對鄰近的消費族群（顧客），提供隨時都能就近購物的便利性（需求），而長時間營業的零售店（特有能力）。

為了實現這個策略範疇，要先決定銷售的商品和銷售方式，這就是行銷策略。便利商店賣的是便當、麵包、熟食、飲料、糕點、雜誌、日用品等**便利品**

（Product），因為賣點是便利性，所以不會降價販售，售價（Price）反而會略高，以高達三千項的暢銷商品（Product），強調方便選擇的特性（Promotion）。以二十四小時營業的方式，確保小商圈的需求能被滿足，採用自助銷售模式（Promotion）。

店鋪面積約一百至一百五十平方公尺，集中在社區展店（優勢展店），是為了提升商品配送效率（Place），增加配送次數，降低配送成本。配送效率提升，就可以經常補充庫存，避免庫存售罄（缺貨）的情況發生，對提升營業額也有貢獻，最後的結果就是利潤增加。這種思考能力稱為**計算能力**。

便利商店在發展的過程中，便利性也隨之提升。如同各位所見，之後還有宅配服務、在店裡設置ATM、售票等服務項目（Product）。

若從圖1-1來看，便利商店的經營策略可說是長時間營業的零售店（特有能力），針對鄰近消費者（顧客），提供便利性的服務（需求），並以此設定下方的行銷策略4P。

城市小型食品超市「Mai basuketto」的策略

有一種經營型態以便利商店為對手，擬訂新的策略範疇，企圖分食便利商店的市場，那就是城市小型食品超市。永旺集團（AEON Group）旗下的Mai basuketto超市，便是其中的代表。

高齡化（外在環境的變化）是促使這種小型超市問世的因素之一。獨居老人的人數、一對老年夫妻的家庭數目、職業婦女的人數（顧客），都日益增加，他們希望能以低價買到少量便利熟食（需求），讓城市小型食品超市（經營策略）因而誕生。

將步行五分鐘以內就能到店購物的顧客視為目標客群，擬訂行銷策略（請見圖1-3）。店鋪與便利商店差不多，商品以生鮮三品（肉、蔬菜、魚）等食品類（Product）為主。運用永旺集團的調度能力（Product & Place），訂價與一般食品超市一樣便宜（Price）。同時，強化TOPVALU系列商品（永旺集團的自有品牌商

圖1-3 即使店鋪型態相同，策略卻不同

便利商店		Mai basuketto	
Product	● 便利品 ● 鎖定暢銷商品 ● 強化服務項目	Product	● 以生鮮三品為主 ● TOPVALU系列商品（永旺集團自有品牌商品）
Price	● 略高	Price	● 價位和超市一樣便宜
Promotion	● 方便選擇的自助販售模式	Promotion	● 步行五分鐘內可抵達，享受與超市同等的服務
Place	● 優勢展店 ● 重視通行量	Place	● 優勢展店 ● 通行量不重要

品，又稱ＰＢ商品），以低價策略和便利商店競爭。至於為何ＰＢ商品便宜賣也有利潤，將在後續第三章中詳述。

因為鎖定步行五分鐘以內即可到達的狹窄商圈（Promotion），就算沒有停車場，行人通行量沒有便利商店那麼高的地點，也可以開店（Place）。

以會計層面（計算能力）來考量，即使店鋪小，不是熱鬧商圈也沒關係，所以開店的頭期款約為便利商店的六成，加上房租等營運成本（營業費用）降低，這些條件都優於便利商店。同時還利用集團的優異調度能力，自有品牌商品十分齊全，即使訂價低，也可提升營業利益率（營業額中的營業利益比，也就是獲利比）。

案例

擴展客群失敗，和民餐廳只好改菜單

日本大型餐飲集團和民旗下的居酒屋，經營理念是「打造另一個豐盛、愉悅的家庭餐桌」。

如果用策略範疇的三個要素進行分析，其經營策略如下：針對年輕客群（顧客）「不只是吃吃喝喝，還擁有能輕鬆享樂的時間與空間」的願望（需求），提供「宛如自家客廳和飯廳」的菜單內容及店舖環境（特有能力），並以這個理念積極展店。

安倍經濟學（日本首相安倍晉三的經濟政策）也發揮推波助瀾的效果，和民集團看到「雖然有點貴，就是想品嚐美食」的需求變化（外在環境的變化），決定擴大客群，於是在二〇一四年四月消費稅調升時，新增了略高價位的菜單。

但沒想到，既有店舖的營業額反而下降。原本目標客單價是兩千八百五十日圓，結果連兩千六百日圓（顧客平均消費額，Price）都無法達到，來客數日漸減少。和民因應漲價，改變行銷策略，提供品質較優的高價料理（Product），希望能招攬四十至五十歲的客群，然而這個族群的顧客也認為價格太高。

同時，一直以來的主要客群，也就是二十歲至三十歲的年輕客群，根本無法接受如此高價的菜單內容。結果，和民只好重新審視菜單，在二〇一五年四月實行降價措施。

從這個案例中，各位有什麼領悟呢？

希望二十歲至五十歲的廣泛年齡層都能成為顧客的策略，根本無法突顯本質。不論是百貨公司，或是以廣泛年齡層為目標客群的綜合超市業者（例如：永旺集團、伊藤洋華堂等），也正在為如何讓業績成長而傷透腦筋。

當策略範疇從原本的年輕客群，擴展至「雖然有點貴，就是想品嚐美食」的四十歲至五十歲客群時，客群的區分會變得模糊。當客群區分模糊，為了滿足「不只是吃吃喝喝，還擁有能輕鬆享樂的時間與空間」的原始需求，而打造的店舖氛圍（行銷的Place或待客的Promotion），也會變得不鮮明。這時候，只採取降價的策略（Price）是不夠的，必須提出更強而有力的方案。

這個案例告訴我們，再次確認目標客群，重新審視整體行銷策略是很重要的。和民面對四十歲至五十歲的新客群，與二十歲至三十歲的既有客群，在菜單（品項）、價格設定、待客方式上，都應該有所差異。

假如調整行銷策略後，營運還是不順利，則要重新建構經營策略。若想改變策略範疇（變更經營策略），企圖擴大客群，靠既有店舖型態和店員是行不通的。不能用原來的和民居酒屋來擴增客群，必須建立全新型態的店舖，行銷策略也要配合新的營運型態，變更4P的內容。

看到這裡，各位是否明白一個道理：想經營事業，要先瞭解經營策略與行銷策略的差異。

1個指標，看透經營策略與訂價的關係

閱讀至此，各位應該明白在擬訂行銷策略時，價格是一項重要的因素。可是，行銷策略的內容會因經營策略而大為不同。換句話說，價格如何訂定，也會因經營策略而有很大的差異。想明白箇中道理，必須先瞭解收益性指標。

何謂收益性？

收益性是指投資金額所產生的獲利比。假設投資股市一百萬日圓，配息與賣出獲利是十萬日圓，這時的股票投資收益性為一〇%（100,000÷1,000,000）。獲利比越高，表示收益性越高（也可說是**投資報酬率高**）。

舉個大家熟悉的例子。將錢存在銀行的一般存款帳戶，可以拿到年利息○・○二%。這時的存款收益性即為○・○二%。當利息降低時，資金會流向收益性較高的金融商品，像是投資信託基金、不動產信託基金（REIT）等。

透過ROA分析企業的收益性

那麼，該如何分析企業的收益性呢？在此以公司財報進行分析（請見圖1-4）。我們可以透過ROA（Return on assets，資產報酬率＝利潤÷資產）這種財務指標，來判斷企業收益性。

企業資產指的是事業投資額，所以ROA就是相對於事業投資額（資產）所產生的獲利額度。ROA越大，可以斷定該企業的收益性越高。

那麼，要如何提升ROA呢？

ROA可拆解為盈利率與資產周轉率。盈利率是指營業額中的利潤比，資產周

圖1-4 分析收益性就能找出基本策略

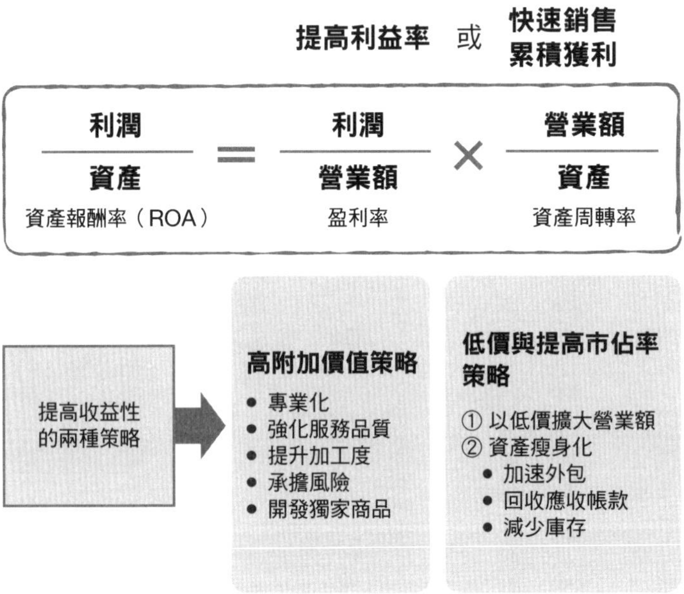

轉率則是指用於事業的資產（如店鋪設備等固定資產）如何有效地運用。因此，想提高ROA，只要提升盈利率或資產周轉率即可。

案例

凌志汽車賣那麼貴依然暢銷，原因是……

以下要介紹的是，提高資產報酬率的實際例子。首先，說明提高盈利率的方法。想提高盈利率，提供高附加價值的商品或服務，就能達到目標。

在此，請先參照圖1-5中的財報，下方是損益表的結構圖。

以圖1-5上方來看，想提高盈利率，在營收方面，必須提高**毛利（售價減去採購成本，即營業額減去營業成本）**、**營業利益（本業獲利）**、**經常利益（期間正常獲利）**的比例。其中，提高毛利特別重要。因此，必須擬訂擴大毛利率的訂價策略，以及不降價的銷售策略。這種事業策略稱為**高附加價值策略**。

在此舉豐田汽車旗下銷售的凌志汽車為例，這款汽車採取的策略，與舊有的豐

圖1-5 損益表結構

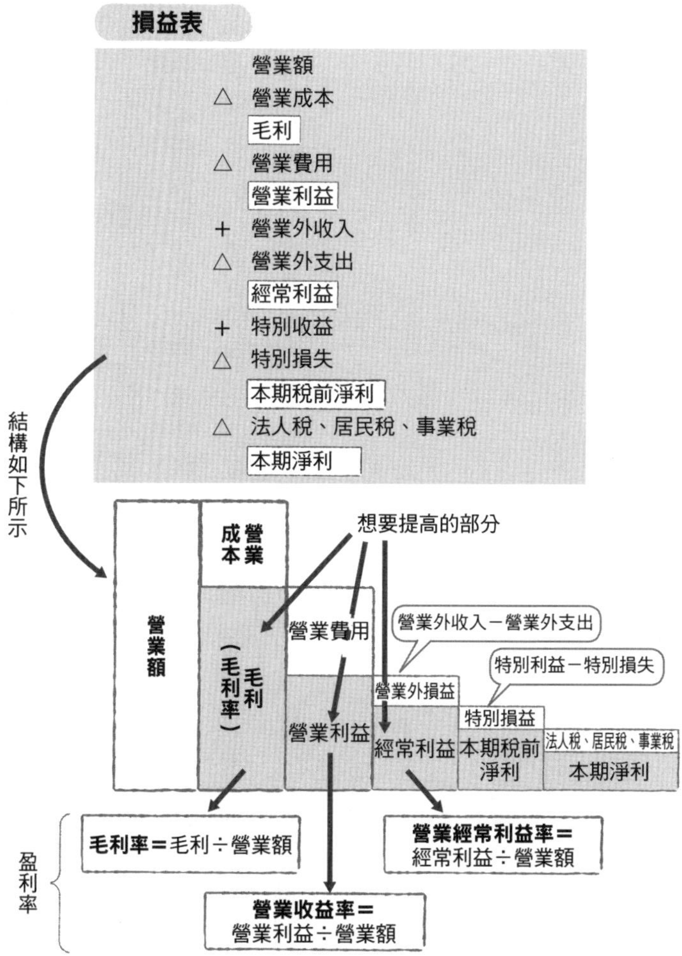
損益表
營業額
△ 營業成本
毛利
△ 營業費用
營業利益
＋ 營業外收入
△ 營業外支出
經常利益
＋ 特別收益
△ 特別損失
本期稅前淨利
△ 法人稅、居民稅、事業稅
本期淨利
結構如下所示
營業額
營業成本
毛利（毛利率）
想要提高的部分
營業費用
營業利益
營業外收入－營業外支出
營業外損益
經常利益
特別利益－特別損失
特別損益
本期稅前淨利
法人稅、居民稅、事業稅
本期淨利
盈利率
毛利率＝毛利÷營業額
營業經常利益率＝經常利益÷營業額
營業收益率＝營業利益÷營業額

田車款截然不同。豐田將凌志定位為高級房車，價格訂在五百萬日圓，以高收入消費群為主要客層，不以價格取勝，而是貫徹以服務為主的行銷策略。

比方說，在經銷商店面設有舒適的沙發休息區，讓車主在等待車子保養時不會太無聊。此外，還設置交車專用區「凌志汽車簡報室」，使車主感受到特殊禮遇。

從策略範疇來看，目標客群是習慣開歐洲高級車（BMW、賓士等）的富裕階層，要滿足他們想買到日本房車的安全感，提供結合豐田技術的服務與舒適的房車生活。

案例

薄利多銷的折扣店，靠周轉率創造利潤

想提高資產周轉率，要優先使用低額投資（資產），來提高營業額。只要讓商品陸續銷售出去（周轉），就能達到目的。從損益表結構來看，就算犧牲了毛利率，也可以讓營業額和銷售量增加。

折扣商店可說是典型代表，其做法是大量採購低價商品，並在短期內銷售完畢。此外，將中古車陳列在街道旁，以價格競爭的方式銷售的中古車專賣店也是如此。中古車專賣店會盡量壓低毛利率，以提高銷售量。如果無法提高資產周轉率，收益性會變低，生意就做不下去了。

位於國道沿線的中古車專賣店，為了強調價格便宜，在宣傳看板

（Promotion）上這樣寫著：「這樣的價位，連小學生也買得起」、「請丟掉虛榮心，來本店買車吧」、「小店薄利多銷，喜歡挑三撿四的人，請到其他店家購買。」

認識庫存周轉率

以下針對「提高資產周轉率」做簡單說明。透過前述折扣商店和中古車專賣店的例子，各位應該更容易理解。尤其，**庫存周轉率**是重點所在。

如果將庫存視為資產，資產周轉率指的就是庫存周轉率（營業額÷庫存〔次〕）。假設年營業額是一百二十，平均庫存是一十，庫存周轉率就是十二次（120÷10），也就是「年營業額是平均庫存十二倍」的意思。

或者，也可以想成是「分十二次購入存貨（商品）」。因為一年有三百六十五天，以「三六五天÷庫存周轉率十二次」，得出的數字是三〇・四天。換句話說，要賣光所有存貨，平均需要三〇・四天的時間。這個三〇・四天，就是**庫存周轉天**

數（將存貨全部銷售完畢所需的天數）。

若將庫存周轉率提高至十五次，庫存周轉天數會縮短為二四・三天（三六五天÷十五次），就能更快得到營運成果，也會對資產報酬率帶來正面影響。

想提高庫存周轉率，有降低售價或鎖定暢銷商品採購兩種行銷策略。然而，前者會導致毛利率變少，後者會提高採購成本，最後也會導致毛利率變少。

在折扣商店或中古車專賣店的例子裡，並不是採取提高毛利率的策略，而是藉由低價銷售，來提升庫存周轉率與資產報酬率，才是基本策略。

「每日低價策略」（Every Day Low Price，EDLP）為何還能獲利？——學會透視庫存收益性的要訣

首先，要說明的是庫存收益性。

或許有人會想：「明明還有庫存，為什麼能夠獲利？」因為日後賣掉庫存商品，這筆收入就能列入營業額，並產生獲利。當然也可能發生永遠賣不掉，只好報

廢的情況，這就是所謂的損失。庫存收益性是判斷業務能否順利營運的指標。

如果把圖1-4的資產（收益性＝利潤／資產）換成庫存，利潤換成毛利，資產報酬率就是庫存毛利率（毛利÷庫存，請見圖1-6）。這個判斷指標稱為**庫存投資毛利率**（Gross Margin Return On Inventory Investments，GMROI），是指庫存能夠創造出多少毛利的比例，可當作庫存收益性指標。假設滯銷的存貨太多，庫存投資毛利率就會變小。如果將商品採購進來後，馬上就賣出去，存貨不會增加，而且因為毛利提高，庫存投資毛利率也會跟著提升。

這個概念和資產報酬率相同。想提高庫存收益性，要從兩個方向著手，這兩種策略分別是提高毛利率（高附加價值策略），以及提高庫存周轉率（以低價提高市佔率的策略）。

想提高毛利率，必須採取定額銷售的方式，不只是賣商品，還要強化售後服務，抓住固定客源，避免價格競爭，才是成功之道。

為了提高庫存周轉率，經常祭出低價販售的策略（**每日低價策略**）。其中以美國零售業沃爾瑪公司（Wal-Mart Store）的策略最廣為人知。

圖1-6 判斷庫存收益性的指標

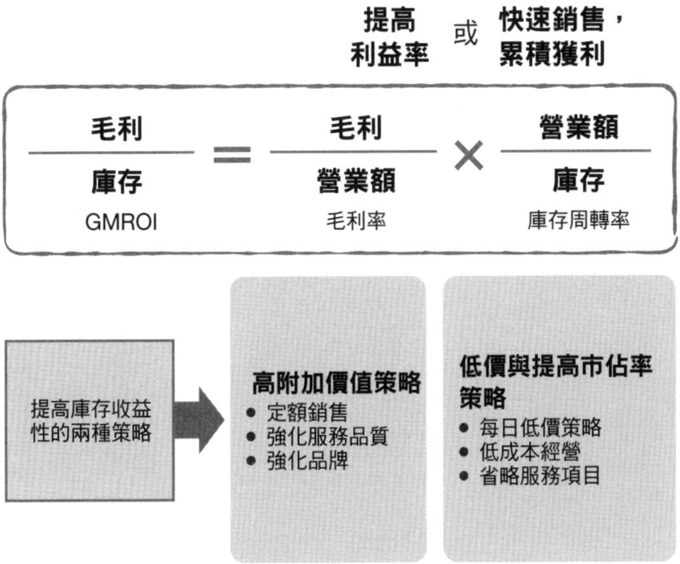

前面已經介紹過提高收益性的三個策略範例，每個都將價格與策略聯結在一起。先前的章節曾提過，「從兩種策略（方向）中做選擇」非常重要，若想同時達成兩個目標，就稱不上是策略。這麼做就像是同時經營凌志汽車經銷商，以及在國道沿線以低價為口號的中古車專賣店。

案例

宜得利與大塚都賣家具，獲利竟然差10倍！

再舉一個更淺顯易懂的案例。二〇〇八年九月雷曼事件發生後，人們只要花點錢，就能在宜得利家居和ＩＫＥＡ，買到時尚且兼具休閒風格的家具，使得它們業績不斷攀升。相較之下，大塚家具則堅持一貫風格，採取以客為尊的高附加價值策略。

❶ 透過資產報酬率，擬訂公司策略

比較宜得利家居與大塚家具，可以清楚看出兩家公司的收益性大不相同。

請參照圖1-7。宜得利家居的資產報酬率是一九・七％，大塚家具是二・一％。

圖1-7 宜得利與大塚家具的收益性 ①

這就是資產報酬率（收益性）差距如此大的原因！

計算公式	經營指標	宜得利 2014.2	大塚家具 2013.12
①×②	ROA（%）	19.7%	2.1%
①盈利率	經常收益率（%）	16.4%	1.8%
②資產周轉率	總資產周轉率（次）	1.20次	1.18次
365天÷②	總資產周轉天數（天）	304天	309天

※註：依據網路資料計算。

宜得利家居的收益性明顯高出許多。

讓我們試著分析，兩家公司的收益性為何會有如此大的差異。兩家公司的總資產周轉率約一・二次。從資產多為庫存和倉儲的家具業策略方向來看，兩家公司的營業規模並沒有任何差異。

以下將介紹總資產周轉率大的產業，資料僅供參考。藥妝業是二・一五次，食品批發業是三・一次（資料來源：《日經經營指標二〇一一》）。這些產業的中心策略都是低價與高市佔率。

由此可知，ROA的差異就是藉由經常收益率的差異，顯示高附加價值策略的成果。宜得利家居是一六・四%，大塚家具是一・八%，宜得利家居的經常利益率之高，使得兩家企業的資產報酬率（收益性）出現明顯差距。

❷高附加價值策略也會反映在人事成本上

請見圖1-8。先看庫存投資毛利率，大塚家具是二一〇・一%（一年賺得庫存二・一〇一倍的毛利），宜得利家居是五四六%（一年賺得庫存五・四六倍的毛

圖1-8 宜得利與大塚家具的收益性 ②

庫存的投資收益率高。

計算公式	經營指標	宜得利家居 2014.2	大塚家具 2013.12
①×②	GMORI（%）	546.0%	210.1%
①盈利率	毛利率（%）	52.0%	55.3%
②資產周轉率	庫存周轉率（次）	10.5次	3.8次
365天÷②	庫存周轉天數（天）	34.8天	96.1天
人事費÷營業額	人事費用率（%）	10.5%	19.0%
人事費÷銷售毛利	勞動分配率（%）	20.3%	34.4%

顯示因銷售而得到利益的比例偏高。

顯示宜得利的商品很暢銷。

※註：依據網路資料計算

利）。在顯示庫存投資利益率的庫存投資毛利率數值方面，宜得利家居明顯較高。

分析原因（和ROA同樣的思考方式），毛利率五五・三%的大塚家具超越五二%的宜得利家居，看起來是大塚家具的毛利率較高。再比較庫存周轉率，大塚家具是三・八次，宜得利家居是一〇・五次。將這個數字換成庫存周轉天數，就更容易理解。大塚家具需要九六・一天才能讓庫存售罄，而宜得利家居的天數則縮短為三四・八天。這表示宜得利家居的價位低，商品銷售速度較快。

從庫存投資毛利率來看庫存收益性時，宜得利家居之所以表現較優，原因就在於庫存周轉率（或是庫存周轉天數）。宜得利家居以日用品等低價（庫存周轉率高）商品作為主力，對庫存周轉率有著重大影響。

另一方面，大塚家具的毛利率很高，有五五・三%，可看出該公司採取高附加價值策略。不過，經常營業利益率變得比以前低，是因為營運過程中無法提升成效所致。

再看人事費用率（人事費÷營業額，若是勞力密集的產業，比例會擴大），大塚家具是一九%，宜得利家居是一〇・五%。之所以會有此差距，是因為大塚家具採取以客為尊的策略，員工都是正職人員，以謹慎有禮的待客之道，販售高附加價值的家具，而宜得利家居的員工則以兼職人員為主。

從勞動分配率（人事費÷毛利）的差距，也能清楚得知原因。毛利包含人事費的比例。大塚家具的毛利要挪出三四・四％支付人事費，宜得利家居則是二〇・三％，明顯比大塚家具低了許多。

大塚家具的主力商品是高附加價值家具與室內設計服務，在銷售時，一定要將商品的價值明確傳達給顧客，因此在營運上人是相當重要的部分。只不過，追求便宜、簡單輕便的消費者變多，光顧大塚家具的消費者相對減少，所以大塚家具的經常營業利益率才會這麼低。

到底該培育人材，繼續採取高附加價值策略，還是改變商品銷售模式，換成讓所有消費者都樂意上門光顧的經營策略呢？對經營策略的認知不同，也許就是導致大塚家具產生家庭糾紛（父女爭奪經營權）的根本原因。

本章重點整理

■所謂策略範疇，就是在討論經營策略時，依據顧客、需求、特有能力等三項要素，來決定企業發展方向。

■確認顧客目的，審視全盤行銷策略是有必要的。針對不同客群，品項、價格設定、待客方式等都應該有所不同。

■收益性是指投資金額所產生的獲利比，當獲利比越高，表示投資報酬率越高。判斷企業收益性的指標，稱為資產報酬率ROA。

■若想同時達成兩個目標，就稱不上是策略，從兩個方向中做抉擇的態度是很重要的。

※編輯部整理

第2章

成本加成訂價法——打造品牌提升附加價值，就能賣高價

從家裡、咖啡廳到大飯店，享受的地點左右價格

各位都在什麼時候喝咖啡呢？你應該聽過「咖啡休息時間」（coffee break），指的是想放鬆一下時的喝咖啡時間。這時會浮現各種念頭，要喝加糖咖啡？還是轉換心情，自己泡杯濾泡式咖啡？或者去星巴克喝咖啡？或是購買便利商店的咖啡？

如何決定咖啡的價值？

如果你想喝加糖咖啡，表示你有點累了，這時候會想起喬亞（編註：GEORGIA，美國可口可樂公司旗下的日本子公司，於一九七五年推出的咖啡飲

品）等大品牌的罐裝咖啡。去便利商店或透過自動販賣機，花個一百三十日圓就能買到，讓自己放鬆一下。在這種情況下，咖啡的價值是一百三十日圓。

如果為了轉換心情，想喝濾泡式咖啡，你會在家裡的客廳拿出濾紙，將喜歡的咖啡粉放進濾紙裡，然後注入熱開水，泡一杯專屬自己的獨特咖啡，一邊聽著喜歡的音樂，一邊品嘗。

為了這一刻的享受，你必須先去咖啡專賣店，購買特製焙煎的巴西咖啡豆（一百公克五百五十日圓）。假設泡一杯咖啡要用十公克咖啡豆，一杯咖啡的咖啡豆成本是五十五日圓（550÷100g×10），濾紙一張三日圓，水電瓦斯費是五日圓，一共是六十三日圓。自己泡的咖啡雖然成本比罐裝咖啡便宜，但因為比較費工，滿足感應該會更高吧？

如果在星巴克喝咖啡，咖啡的價值是多少呢？假設你點了三百六十日圓的大杯濾泡式咖啡，你可以坐在店裡，望著窗外來往的人群，讓大腦休息一下。在星巴克喝的咖啡價值是三百六十日圓。

如果你講究一點，可以走到銀座的老咖啡店Café Paulista，點一杯四百七十二日圓的巴西咖啡。從前，菊池寬或是大正時期的文人，經常到這裡光顧，約翰・藍儂與他的妻子小野洋子訪日時，也曾到過這家在日本咖啡史上留名的咖啡店。

順帶一提，大家都知道「銀晃晃」這個詞的意思是「漫步銀座，隨處晃晃」，但它其實也有「在銀座喝杯巴西咖啡」的意涵。喝巴西咖啡的店，指的就是Café Paulista。在銀座老咖啡店喝咖啡，讓人有種時尚的感覺，只花四百七十二日圓就能獲得這樣的價值感，實在很划算。

如上所述，一杯咖啡竟有這麼多種品嘗方式，喝咖啡可以單純是為了消除疲勞，也可以是為了享用美味咖啡，或是轉換心情等。享用方式不同，咖啡的價值也就是價格，也會跟著改變。

案例

新大谷飯店咖啡的最大賣點，是庭園景觀

那麼，到高級飯店喝杯咖啡吧！在東京紀尾井町的新大谷飯店Garden Lounge裡，一杯精品咖啡要價一千兩百七十日圓，價格是罐裝咖啡的十倍。在這裡，最便宜的濾泡式咖啡是曼特寧，一杯也要價一千六百日圓。

請大家想想看，在高級飯店喝的咖啡成本是多少？參考自己在家泡的濾泡式咖啡價格，來計算成本，就算使用品質優良的咖啡豆，成本還是六十三日圓。我問過許多人咖啡的成本，最低有人回答十至二十日圓，最高還有人回答兩百日圓。

如果問：「你認為咖啡的成本項目是什麼」，大多數人會回答咖啡豆費用和水電瓦斯費，還有人說砂糖和牛奶的費用。以上這些都屬於材料費，會計學稱為**變動**

成本。為何加上「變動」兩個字呢？因為這是銷售一杯咖啡所必須支出的費用。所以賣出咖啡，變動成本才會增加。一般來說，變動成本與營業額成正比。

在此，假設飯店咖啡的平均成本是一百一十日圓。售價一千二百七十減去一百一十（變動成本），毛利是一千一百六十日圓。這個毛利稱為**邊際收益**。請記住這個公式：「**營業額－變動成本＝邊際收益**」。一般消費者會覺得，高級飯店賣出一杯咖啡，可以獲利一千一百六十日圓。可是，喝過新大谷飯店Garden Lounge咖啡的人，儘管覺得貴，還是會去喝。這家飯店的生意很好，總是門庭若市。

若是詢問這些客人，多數人會如此回答：

「能待在這麼棒的地方，如果換算場地費，一千兩百七十日圓真的很便宜。」

「從新大谷飯店Garden Lounge看到的景觀，是有四百多年歷史的萬坪日本庭園。在這裡喝咖啡，會覺得很滿足。」

在Garden Lounge喝咖啡，享受當時的景觀與氣氛才是重點，喝咖啡反而不是最重要的事。

咖啡的價格視「固定成本」而定

高級飯店咖啡的邊際收益一千一百六十日圓，其本質是**附加價值**。在Garden Lounge這樣的地方，消費者願意為變動成本（材料費）一百一十日圓的咖啡，支付一千兩百七十日圓，就表示他們看到這一千一百六十日圓的附加價值。換句話說，**消費者如果能清楚看到附加價值，即使價位再高，還是願意買單。**

那麼，飯店方面提供了什麼樣的附加價值給消費者呢？

首先，最受消費者青睞的是日本庭園景觀。飯店為了維持日本庭園的美麗與整潔，需要花費維修成本，還必須繳納土地固定資產稅，而維修成本則包括人事費，以及購買庭園整理器具的消耗品費用。

此外，工作人員提供的服務也會成為消費者的評估項目。為了維持與提升員工的服務水平，必須持續進行教育訓練，因此持續支付教育訓練費與人事費，是非常重要的事。餐桌椅等設備也是不小的開銷。除了購買設備的費用，還要負擔折舊費、租賃費等。

飯店透過各種方法，努力讓消費者認同他們提供的附加價值。這些方法所需的成本，與Garden lounge的營業額無關，而是原本就存在的成本。這樣的費用稱為**固定成本**。

正因為飯店願意花費這些固定成本，消費者才會心甘情願地為一千一百六十日圓的附加價值買單。如果飯店省下這些固定成本，消費者對於一杯售價一千兩百七十日圓的咖啡，一定會怨聲載道，營業額也將因此滑落。心生不滿的消費者可能不會再喝新大谷飯店Garden Lounge的咖啡，而是在外面買一百三十日圓的罐裝咖啡，拿到飯店的大廳喝。

當景氣惡化，就會有企業削減固定成本，減少附加價值服務，於是消費者不再光顧，導致營業額下滑，這樣的例子屢見不鮮。其實在景氣不佳時，更要捨得花費固定成本，思考如何創造附加價值，來穩住客源。

圖2-1 消費者關注的是飯店所使用的方法（固定成本）

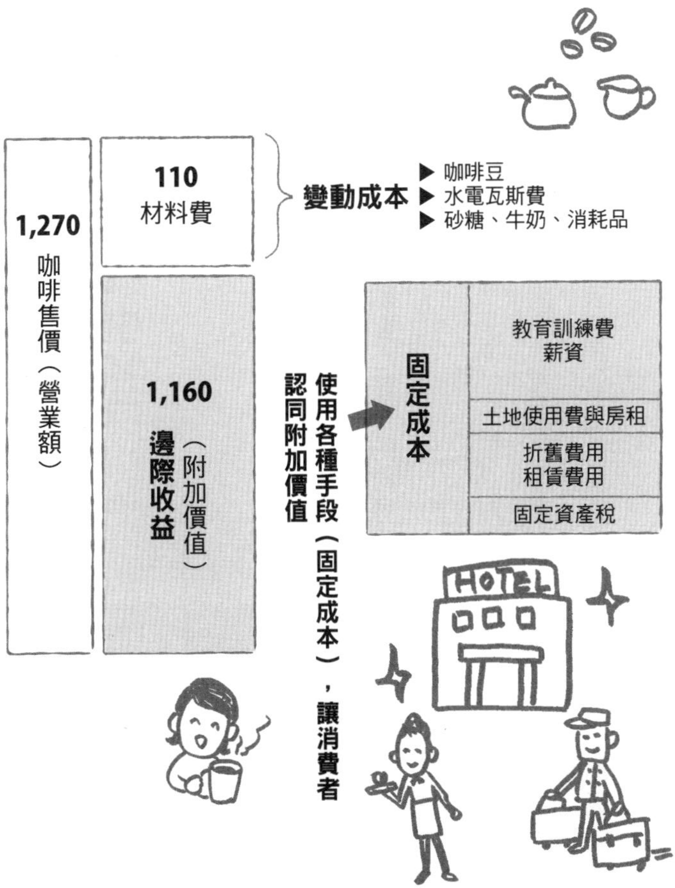

獲利關鍵是以客為尊，而不是降價吸引客戶

當商品轉換成服務時，必須思考行銷策略。只要將**「讓顧客購買商品」的想法，轉換為「讓顧客開心、豐富顧客心靈」的思考模式**，就可以想出提高自家商品或服務價值的方法。

從會計學（計算能力）觀點來思考，想提高附加價值（邊際收益），重點在於如何掌握固定成本。想掌握固定成本就要運用各種方法，讓消費者感受到業者的用心，認同業者提供的附加價值。要讓消費者感受到業者用心的策略，便是所謂的行銷策略。

請參照圖2-2。營業額（銷售價格）扣除變動成本（材料費）後，得到的數字就

是附加價值，也就是邊際收益。再用附加價值扣掉固定成本，就能算出利潤（稅前獲利）。將算出來的利潤再扣掉稅金（法人稅等），得到的數字就是本期淨利（稅後盈餘）。由此可見，收益是由邊際收益所創造。

以這個觀念製作的損益表，稱為**變動損益表**。變動損益表可以取代一般損益表的毛利部分，透過變動成本、邊際收益、固定成本等項目，解讀企業的經營狀況。看了變動損益表，就知道附加價值（邊際收益）的高低。這項附加價值（消費者認同附加價值所支付的金額），是由固定成本中的各個項目（人事費、土地使用費與房租）所組成。大家應該知道，最後剩下的就是收益。

前面已經提過，附加價值是支出固定成本後的產物。因此，這項附加價值必須被分配（付款）至各個固定成本項目。若能將附加價值產生的收益，當成人事費、教育訓練費等的資金使用，並持續投資設備相關費用（折舊費、租賃費、固定資產稅），成為創造新附加價值的原動力，企業就能成長。

圖2-2 變動損益表結構

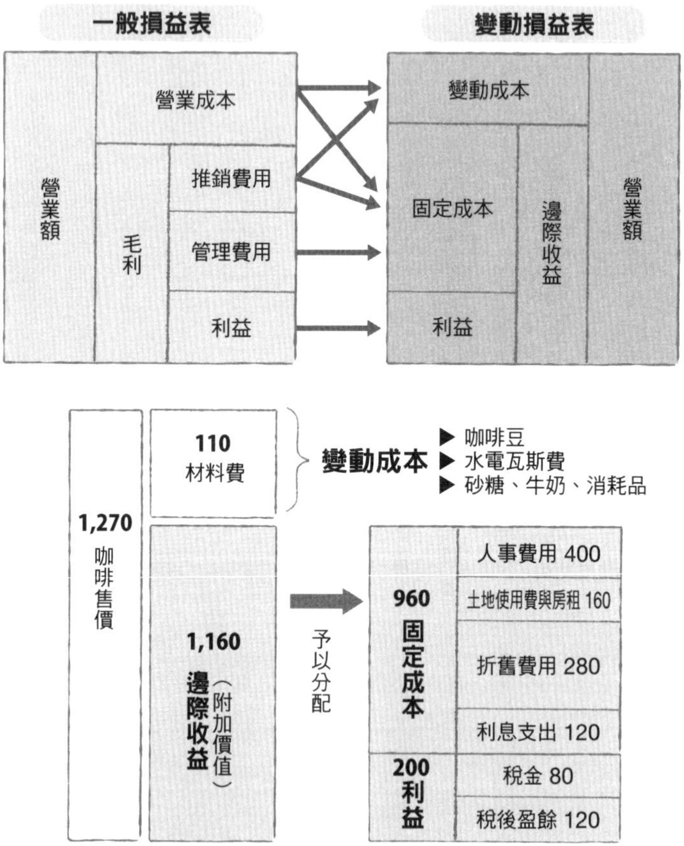

透過變動損益表，可以知道附加價值（邊際收益）是多少。附加價值是由固定成本和收益所組成。

品牌越強，越不用靠降價創造利潤

提到咖啡這個話題，不妨也聊聊大家很熟悉的星巴克咖啡。一九九六年，日本星巴克一號店在銀座開幕以來，為日本的咖啡文化寫下新的一頁。星巴克憑藉著獨特的經營策略，打造新型態的咖啡時間，讓業績不斷成長。本節將列舉星巴克的策略供大家參考，同時也請大家思考品牌與價格的關係。

消除「星巴克咖啡很貴」想法的品牌力

二〇一三年秋天，中國的中央電視台指責星巴克「在中國賺取暴利」，批評星巴克的咖啡賣得很貴。當時中國要打擊外資企業，星巴克就成了箭靶。因為星巴克在中國的價位，比在日本、美國還高。

事實上，星巴克的小杯拿鐵在中國是一杯約四百三十日圓，美國則是約兩百七十日圓，日本是三百三十日圓，中國的價格是美國的一・六倍。因為差距太大，出現這樣的批判聲浪也很正常。

不過在網路上，一般民眾給予「星巴克提供一個舒適空間」、「只要去星巴克，就知道自己喜歡什麼樣的咖啡」等正面評價，削弱批判的聲浪。

之所以會出現後者的評價，是因為上海星巴克推出「咖啡教室」服務，為團體客人提供咖啡講師，傳授與咖啡有關的各種知識（在日本也舉辦咖啡研習會），讓顧客更瞭解咖啡，進而對咖啡文化產生興趣，成為星巴克的支持者。給予星巴克好評的民眾，可說是中國星巴克的救星，讓它不被央視的批判打敗。

星巴克為了讓「Starbucks」品牌化，採取高價策略。因為中國的平均所得比日本低，才會出現前述的批判，但將價格訂高，會讓光顧星巴克的消費者覺得自己與眾不同。高價位策略就代表高附加價值，在中國市場已經被人們所接受。

在日本，只要說「在星巴克喝咖啡」，應該有許多人認為這是一種時尚的象徵吧？不著重在價位，而是努力塑造品牌的時尚氛圍（營造店內舒適的氣氛、選擇在高級地段開店等），成功吸引顧客上門後，如果能再獻上一杯用心沖製的咖啡，顧客不只得到放鬆，還會覺得自己身處很有品味的高級場所，因此感到開心。這表示高附加價值策略奏效。

案例

建立品牌，星巴克徹底執行4件事

星巴克可說是成功建立品牌的例子。品牌的原義，是指以文字或圖形，標示商品或服務內容的名稱，也就是所謂的商標。以文字標示時稱為品牌名稱，以圖形標示則稱為品牌標誌。例如：Apple是品牌名稱，蘋果形狀的圖案是品牌標誌。

然而，若是從經營觀點來看，將品牌定義為「商品、服務的性質、特色與形象」，大家更容易理解吧。

如何創造品牌的性質、特色與形象呢？這裡將試著從經營策略、行銷策略的層面歸納重點。請以星巴克為例，試著思考看看。

❶貫徹經營理念

星巴克擁有明確的經營理念：「為了豐富每個人的心靈，為他們注入活力，就要服務好每一位客人、煮好每一杯咖啡、把握好每一個細節。」星巴克要求每位員工都要徹底遵循這個理念。

將這個理念換成以下說法，或許各位會更容易明白。

「A用心沖製每一杯咖啡，每次都調製出美味的咖啡。B以笑容迎接客人（溝通），讓客人感到平靜，願意再度光臨。C在裝潢時尚的店鋪裡，提供貼心的服務。」以上三項只要少了一項，星巴克就無法建立好品牌。大家如果曾以顧客身分光顧過星巴克，應該就能認同我的說法。

❷取得消費者信賴

星巴克的經營理念背後所蘊涵的意義，就是要與消費者建立信任關係。人與人之間的關係，從遵守約定開始，遲到、言而無信等小事情，都會破壞彼此的信任。

星巴克不降價，是因為它們認為「價格也是與消費者的約定」。一旦降價，消費者就會覺得「之前賣那麼貴，是什麼意思」，而產生不信任感。不論哪個行業，都常看到這種價格策略，但這麼做根本無法成功建立品牌。

星巴克即使業績下滑，也不會隨意發送優惠券的傳單，企圖提升來客數。只考慮營業額的短期目標，不但會破壞企業與消費者的信任關係，好不容易建立的品牌也會因此毀於一旦。品牌的建立需要長期奮鬥，然而摧毀卻只需一瞬間。

麥當勞因為使用過期雞肉與食物中混有異物等問題，讓品牌形象大傷，問題爆發後，來客數大幅減少，業績陷入低迷。看了麥當勞的例子，企業經營更應該要謹慎小心。

從會計學（計算能力）觀點來看，當品牌形象受損，長期以來為了發展品牌所投入的累計成本（投資），將無法靠日後的營業額回收。「長期營業額減去長期投資總額」會變成虧損（負營收）。

❸以服務回饋消費者

換個角度看，也可以說星巴克賣的不是商品（咖啡），而是服務，也就是提供所謂的第三場所（Third Place）。第三場所是指非住家、非職場或學校的另一個天地，星巴克的服務重點就是打造適合第三場所的氛圍。

透過有氣氛的室內裝潢、照明設置、沙發區等擺設，讓消費者想長時間待在店裡。可以眺望街景的露天咖啡座，也是第三場所的必備設施。雖然店裡全面禁菸是理所當然的事，但也稱得上是一項重要服務。星巴克禁菸，是因為「菸味會破壞咖啡的味道」，這代表它對咖啡品質的重視。因為堅持這一點，才能夠貫徹經營理念，成功地發展品牌。

至於業績陷入低迷的麥當勞，從二〇一四年八月開始也全面禁菸，理由是「為了孩童及高齡者的健康，同時也希望能讓顧客在乾淨的環境中享用美食」。

不過，麥當勞的全面禁菸策略，並不是為了貫徹經營理念，難免讓人懷疑只是為了拯救低迷的業績，才實施這項規定（行銷策略），希望能抓住顧客的心。其背後的真正用意，與努力貫徹經營理念、塑造品牌形象的星巴克明顯截然不同。不斷打出降價口號、企圖提升業績的麥當勞，實行全面禁煙策略，只會讓它離建立品牌口碑的目標更遠。

其實星巴克的菜單內容並不豐富，這是因為要跟著重餐點的羅多倫咖啡（Doutor coffee）之類的自助式咖啡店有所區別。星巴克將店鋪設定為遠離家庭、職場、學校，可以讓人轉換心情的第三場所，為了達成這個經營策略，必須塑造咖啡專賣店的形象。

❹商品、服務的特殊性與員工訓練

店家提供的商品或服務，必須具備特殊性，否則店家無法獲得消費者信任，也無法透過服務回饋給消費者。

星巴克非常重視特殊性，也對員工進行充分的教育訓練。一般餐飲店的員工訓練頂多是二至三天，但是星巴克的員工訓練沒有工讀生和正職人員之分，每個人都必須空出大約兩個月的時間，上滿八十個小時的研習課程。研習結束後，才能以咖啡師身分正式在店裡工作。

此後，公司還會為員工設定更遠大的目標，要求員工繼續接受訓練，朝咖啡師教練、黑圍裙咖啡大師、值班主任（Shift Supervisor）的職階邁進，督促自己成長。這樣的人才培訓計畫，也進一步使離職率降低。

員工訓練似乎讓大家變得更喜歡星巴克。人才培訓提升員工的鬥志，自然能提供顧客更好的服務。因為有熱愛星巴克的員工存在，這個品牌才得以屹立不搖。

所有的星巴克分店都是直營店。若想提高營業額及市佔率，其實公司也可以選擇招募加盟店，讓店鋪數量快速擴展，可是這麼做，就無法貫徹經營理念。為了徹底實施員工訓練，維持店鋪的服務品質，直營店才是最適合的模式。麥當勞以前也只有直營店，但後來急著擴大營業，採取連鎖加盟的方式，結果引發各種問題。

從會計學（計算能力）觀點來看，品牌化必須投入許多固定成本。為了塑造出第三場所的特色，員工訓練費、人事費、店鋪設備投資費（折舊費、租賃費）都是不能省的固定成本。透過星巴克的案例，就能了解固定成本能創造出附加價值。

雖然人才培訓要看到成效，需要時間，但是一定會有效果出現。這正好切合星巴克不追求近利、以長期收益為目標的經營策略。

案例

非蘋果不買？商標能提高品牌識別度

最後要說明的是以會計學觀點，如何看待品牌。

在會計學中，商標權和所謂的「商譽」，代表著一個品牌的價值。（編註：商譽是一個會計術語，用來反映一個商業實體資產和負債以外的帳面價值。）想避免因為被模仿，導致企業長年經營的品牌價值下滑，將代表品牌的商品名稱（Trand Name）或LOGO標誌（Trade Mark）進行註冊，就可以防止盜用或濫用品牌。註冊完成的品牌商標，稱為**商標權**。

羅多倫咖啡旗下的「EXCELSIOR CAFFE」，因為使用與星巴克商標極為相似的LOGO，遭星巴克提起訴訟，要求EXCELSIOR CAFFE不准使用該商標。吉本興業的伴手禮「有趣的戀人」，因為侵害北海道知名伴手禮「白色戀人」的商標權，而被銷售商石屋製菓提出禁止販售的訴訟。

根據會計學，註冊商標的費用，在資產負債表上列為資產（**無形固定資產**）。商標權需要設定商品名稱，有了商品名稱，品牌認知度就會提高，日後更容易銷售，進而帶來獲利。

所以，為了未來獲利而動用的支出，不能馬上（在支出期間）列為費用，而是要列為資產。然後，這筆資產（例如商標權）會在有效期限內，慢慢地轉換為費用，這筆費用就是**折舊費**。商標權（資產）在扣掉折舊費之後，最後資產負債表上的商標權價格會變成零。

換句話說，要建立這個觀念：「商標權有效期內成長的營業額－相關費用（包含商標權的折舊費）＝商標權創造的收益。」假如沒有商標權，就沒有商標權創造的收益，收益當然減少。如果市面上出現沒有蘋果標誌的Apple產品，Apple的營業額和收益一定會比現在少。

品牌就是基本盈利能力

品牌力的強弱會反映在價格上。

便利商店的咖啡售價是一百日圓，星巴克的咖啡售價是三百三十日圓，兩者差距兩百三十日圓，就是星巴克品牌力的展現。這兩百三十日圓，就是所謂基本盈利能力。

二〇一〇年，在紐約的拍賣市場，拍賣約翰藍儂手寫披頭四歌詞的紙片，得標價約一百二十萬美元。以當時一美元兌九十日圓的匯率來計算，價值約是一億八百萬日圓。因為成本是零，所以基本盈利能力是一億八百萬日圓，真是驚人高價。

在會計上，如何評價基本盈利能力也是課題之一。在資產負債表的無形固定資產中，列了一項名為「商譽」的項目，代表該企業擁有的品牌價值。

陷入低價競爭，就從行銷4P考量成長策略

家電類產品大多為大眾化商品，所以很難做出差異化。因此，市場陷入激烈的低價競爭，企圖吸引更多顧客上門。在這樣的環境下，大型量販店（山田電機、BIG CAMERA、友都八喜等）的勢力更為擴張。

結果，街頭的電器行逐漸被淘汰，大都市裡幾乎看不到它們的存在。然而，仔細尋找的話，還是能找到屹立不搖的電器行。在激烈的價格競爭中，這些電器行究竟是如何存活下來呢？

從行銷4P，思考成長策略的關鍵

想找出街頭電器行的成長關鍵，請先想想行銷4P。從價格、商品、促銷、流通管道四個觀點來思考。

❶光靠價格（Price）觀點，無法決勝負

要與家電量販店一決勝負，就必須採取低價策略。因此，採購價一定要降低。可是，街頭電器行店鋪面積狹窄，也沒有倉庫，根本不可能大量採購。就算想出街頭電器行共同合作、**共同採購**的方法，因為各家電器行一向習慣獨立作業，加上有自己的經營理念，很難好好合作。

原本電器行就是某個廠牌旗下的店鋪，要跨越廠牌的隔閡攜手合作，更是難上加難。結果只好採取低價策略，與家電量販店一決勝負。

如果反其道而行，想出以高價決勝負的方法，應該能與家電量販店做出區隔，

也能讓收益增加。

❷就商品（Product）觀點而言，專賣店也能開創出一條活路

二〇〇〇年左右，Panasonic嘗試讓旗下的電器行Panasonic Shop（當時的名稱是National Shop）轉型，除了銷售原本就有的家電產品之外，也可作為電腦專賣店、家庭劇院專賣店、電器日用品店、電動腳踏車專賣店、手機專賣店、工具專賣店、修理專門店等。

因為店鋪面積有限，不可能陳列多款家電產品。當時Panasonic已有危機意識，若不轉型成專賣店，將無法與家電量販店抗衡。像Panasonic Shop一樣，變成專賣店，才是街頭電器行的生存之道。

雖然後來市場縮小，加上晶片端子類的新型競爭商品出現，導致電腦專賣店和手機專賣店不得不退出市場，但是隨著社會高齡化、居家需求的擴增、環保意識的高漲，環境變得更有利專賣店的發展，商機也因此變多。

❸依據促銷（Promotion）觀點，該採取何種商業模式？

街頭電器行的員工人數少，多數都是家族式經營，沒有這麼多資金可以採取發宣傳單、集點優惠等促銷策略，而且這些方法根本稱不上是有力的促銷手法，還可能導致價格競爭變得更激烈，所以勢必要思考其他策略。

因此，促銷策略必須強調區域型電器行的優勢。在昭和時代，酒行、洗衣店、書店等，都採取**現場聽取需求**的經營模式。

店家必須直接與顧客面對面，彼此溝通，先瞭解顧客的需求，再以電器行的立場思考，能為顧客提供什麼樣的服務。只要針對特定區域，即使員工人數少，也能進行訪問式推銷與說明，還能提供安裝服務、修理服務等各種服務。

現在有網路超市提供只要消費者訂購，就將食品送到家的服務。另外，還有一種新的商業模式，是利用移動式販賣車，載運食品和日用品到山區等人口稀疏的地區，賣給所謂「購物難民」的消費者。7-11等大型便利商店品也加入這個市場，未來這種商業模式將會逐漸普及。

❹從流通管道（Place）觀點來看，創造溝通的機會非常重要

以店鋪形式來說，很遺憾地，想要發揮街頭電器行的優勢還是有困難。雖然網路銷售也是拓展市場的一個方法，但是價格競爭激烈，採購價格根本無法降低。不如讓消費者光顧實體店鋪，直接與消費者面對面，製造交流的機會。

首先，必須保留接待客人的空間。許多店鋪像倉庫一樣堆滿貨品，實在很殺風景，這就是根本問題所在。

正如「商品觀點」部分所述，專賣店必須展售特殊商品。當然，店鋪**門面**也要精心設計，激發顧客想進來看看的意願。

案例

山口電器飛奔至顧客身邊，解決問題

有一家街頭電器行成功實踐了4P，那就是電視台和雜誌經常介紹的山口電器。山口電器位於東京都町田市，創立於一九六五年，是Panasonic Shop中業績第一名的店舖。

首先，介紹官方網頁上社長致辭的部分內容：「本人與員工想一同打造『馬上飛奔至您身邊的便利電器行山口電器』，為町田市、相模原市及周邊地區的顧客，提供完善的服務，請大家多多指教。只要是家電產品、居家整修、太陽能發電、不需使用火源的ECO Cute加熱器等產品，都可以找山口電器為您服務，我們立志成為『您身邊最近的便利電器行』。」

以上訊息已經清楚表明該公司的策略範疇，我將內容整理如下：「本店以町田市、相模原市及周邊的消費者為服務對象（顧客），從電器產品到居家整修，若你有任何問題，我們會馬上飛奔而至，解決各位的問題（需求），我們是讓各位安心生活的便利電器行（特有能力）。」

它的消費客層大多為老年人，不會使用先進家電，而其他講求效率的家電量販店，也不可能提供詳細的使用說明。而且，家電量販店的賣場太大，不容易找到想要的商品，對老年人而言，並不是方便購物的地方。因此，山口電器提供的服務，吸引了許多老年人上門光顧。

店鋪的招牌上清楚寫著：「山口電器會飛奔而至」，向消費者傳達「遇到問題時，我們會馬上過去幫您解決」的訊息。換句話說，山口電器已經事先言明，它不僅提供家電產品，還是顧客有困擾時能尋求協助的便利店。山口電器的經營理念是針對社區，提供無微不至的貼心服務，這樣的訴求特別吸引老年人。

山口電器即使標榜服務免費，商品售價卻訂得比家電量販店高出二至四成，這是因為服務客人需要人事費的支出。

山口電器的店鋪面積約五百平方公尺，正職員工四十名，兼職員工十名，總計有五十名員工。這樣的山口電器能否賺錢，讓我們一起來檢視吧！

分析損益平衡點

想知道一家公司有多少獲利，經營狀況是否穩定，可參考以下三項指標。

- 損益平衡點分析：知道營業額，就能分析損益是否平衡。
- 經營安全率：經營的穩定性。
- 勞動分配率：附加價值中的人事費比率是多少。

首先，利用網頁上看到的資訊，推估損益平衡點營業額。所謂的損益平衡點營業額，是指收益為零時的營業額。只要營業額超出損益平衡點，就有獲利產生。

試著從營業額十三億一千萬日圓（二〇一一年三月）、毛利率三九％、五十名員工（正職員工四十名、兼職員工十名）的資料來推估。除了以上資料，也參考一般電器行的經營指標（TKC經營指標：營業額十億日圓以上、二十億日圓以下的資料）。

接下來請參考圖2-3，找出損益平衡點。縱軸表示收益、費用，橫軸則是營業額。重點在於固定成本＝邊際收益時的營業額，也就是損益平衡點的營業額。當營業額超越損益平衡點，就有獲利產生。

◆計算損益平衡點營業額

先整理基本資料。

營業額十三・一億日圓，毛利率三九％
員工是正職人員四十名、兼職人員十名

以下是推估數據。

- 營業經常利益率六・五％（經常利益÷營業額×一〇〇）

一般來說，營業經常利益率有五％就算好，而山口電器的毛利率比一般電器行高出十個百分點，因此TKC經營指標中，優良企業的營業經常利益率可用六・五%來計算。

● 變動成本率六三%

在這個案例中，只要有營業活動，廣告費和燃料費等成本便會隨之增加。廣告費和燃料費等成本，預估佔營業額二%。推估變動成本率（營業額中變動成本所佔的比例）是銷售成本率六一%＋廣告費等的比率二%＝六三%。

● 邊際收益率三七%

一〇〇%－變動成本率，也就是一〇〇%－六三%＝三七%。

● 勞動分配率五〇%

邊際收益（附加價值）中人事費所佔的比例。以平均值五〇%來計算。

一、計算固定成本（圖2-4）

● B邊際收益＝A營業額十三・一億×邊際收益率三七%＝四億八千四百七十萬日圓。

圖2-3　以圖表表示損益平衡點

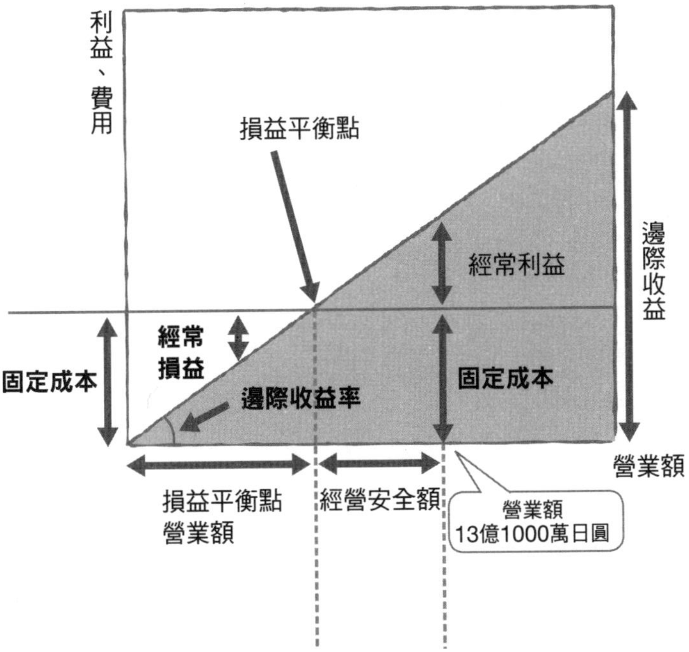

● C經常利益＝營業額十三・一億×營業經常利益率六・五％＝八千五百一十五萬日圓。

● 固定成本＝B邊際收益－C經常利益＝三億九千九百五十五萬日圓。

二、計算損益平衡點的營業額（圖2-4）

固定成本＝邊際收益時的營業額，也就是損益平衡點營業額。

換句話說，損益平衡點營業額×邊際收益率＝計算固定成本時的營業額。

● 損益平衡點營業額＝固定成本三億九千九百五十五萬÷邊際收益三七％≒十億七千九百八十六萬日圓。

當營業額是十億七千九百八十六萬日圓時，固定成本＝邊際收益＝三億九千九百五十五萬日圓，收益變成零。換句話說，人事費和店租等固定成本約是四億日圓，營業額超過十億日圓，損益便能平衡。山口電器的營業額是十三億日圓，已經超越損益平衡點，表示確實創造許多獲利。

圖2-4 損益平衡點營業額是多少？

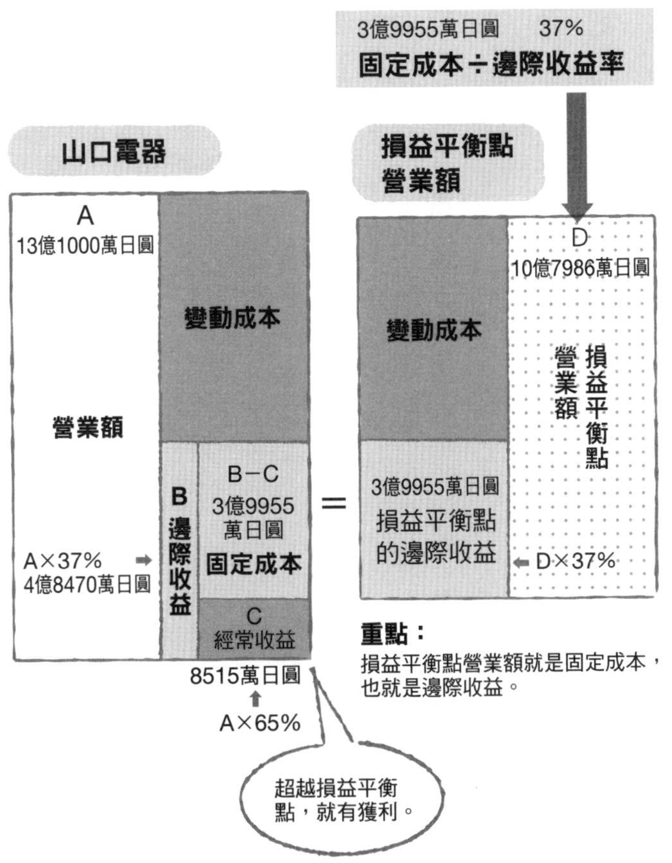
3億9955萬日圓 37%
固定成本÷邊際收益率
山口電器
A
13億1000萬日圓
變動成本
營業額
B−C
3億9955
萬日圓
固定成本
B
邊際收益
A×37%
4億8470萬日圓
C
經常收益
8515萬日圓
A×65%
=
損益平衡點
營業額
D
10億7986萬日圓
變動成本
損益平衡點營業額
3億9955萬日圓
損益平衡點的邊際收益
D×37%
重點：
損益平衡點營業額就是固定成本，
也就是邊際收益。
超越損益平衡點，就有獲利。

計算「經營安全率」，才不會賠錢而不自知

接下來要分析什麼樣的營運狀況，才算經營穩定。這時候，要審視經營安全額（請見圖2-5）。

● 營業額十三億一千萬日圓－損益平衡點營業額十億七千九百八十六萬日圓＝兩億三千零一十四萬日圓。

這個兩億三千零一十四萬日圓就是**經營安全額**。所謂的經營安全額，是指超出損益平衡點的營業額，也就是創造獲利的營業額。有獲利企業的經營安全額是正數。

那麼，將這個經營安全額乘以邊際收益率三七％。

經營安全額兩億三千零一十四萬日圓×邊際收益率三七%≒八千五百一十五萬日圓，與經常利益一致。由此可知，「經營安全額×邊際收益率＝經常利益」的公式是成立的。

換句話說，如果能提高經營安全額的營業額（能夠讓營業額成長，並超越損益平衡點營業額），在超過的營業額（經營安全額）中，光是邊際收益率三七%的比例就能創造出獲利。

何謂營業額中的經營安全額比例（經營安全率）？

再檢視一下實際狀況的「安全」與否。（請見圖2-5）

以「經營安全額÷營業額×一〇〇」，算出的指標稱為**經營安全率**。

以這個案例來計算，就是經營安全額兩億三千零一十四萬÷營業額十三億一千萬日圓×一〇〇≒一七．六%（經營安全率）。

一〇〇%－經營安全率一七．六%，所得出的數據八二．四%，別稱為**損益平**

圖2-5 經營安全額與損益平衡點營業額的關係

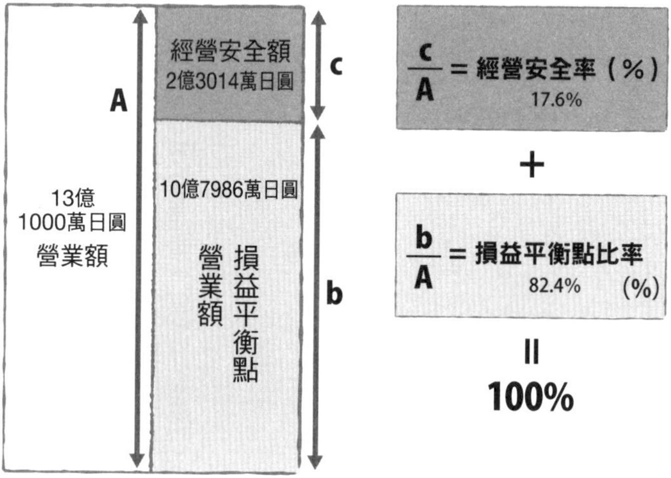

衡點比率。

要請大家思考一件事。經營安全率一七・六％代表什麼呢？

這裡所說的營業額，是一整年達成的營業額。經營安全率乘以三百六十五天，得出六十四・二天（≒365×17.6％）的數據，也就是說，三百六十五天中，有六十四・二天（約兩個月）的營業額是有獲利的。

那麼，三百六十五天減去六十四・二天，所得出的三〇〇・八天又代表什麼呢？

這代表，從期初到第三〇〇・八天時，就會達成損益平衡點營業額。也就是說，要賺到支付固定成本的資金，天數（固定成本＝邊際收益的經過天數）為三〇〇・八天（九・八個月）。換句話說，要花三百天才能回收支出的固定成本，之後的營收，全部是獲利（請參見圖2-6）。

圖2-6 到達損益平衡點的日期與創造獲利的天數

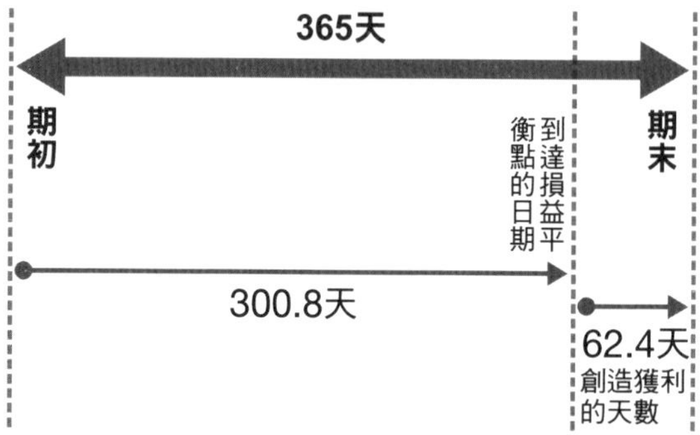

透過勞動生產率，推估每名員工的人事成本

接下來的焦點是員工，請參照圖2-7。山口電器提供無微不至的貼心服務，是否真的能創造獲利？

所謂**勞動生產率**，是每名員工能創造多少附加價值（邊際收益）的指標。指標數據越高，表示員工越努力工作。

邊際收益除以員工人數，就能算出勞動生產率。山口電器有四十名正職員工，一名兼職員工相當於零點五名的正職員工（在進行生產率分析時，經常是以此標準換算）。換句話說，代表勞動生產率分母的員工人數，是四十五名（40＋10×0.5）。

邊際收益＝營業額十三億一千萬×邊際收益率三七％＝四億八千四百七十萬日圓。

勞動生產率＝四億八千四百七十萬÷四十五名≒一千零七十七萬日圓。

也就是說，每一名員工一年裡創造的附加價值，是一千零七十七萬日圓。其中有五〇％要拿來支付人事費，也就等於勞動分配率為五〇％。

每名員工的人事費＝勞動生產率一千零七十七萬×勞動分配率五〇％＝五百三十九萬日圓。

每名員工的人事費，也能透過以下公式算出。

邊際收益四億八千四百七十萬×勞動分配率五〇％＝總人事費兩億四千兩百三十五萬日圓。

總人事費兩億四千兩百三十五萬÷員工人數四十五名＝每名員工人事費五百三十九萬日圓。

圖2-7 透過勞動分配率推估人事費

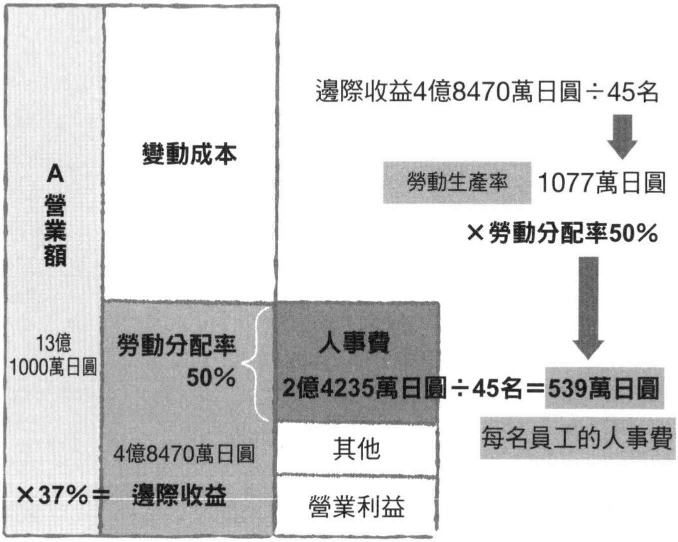

在TKC經營指標中，電器零售業（不包括中古商品）的年營業額在十億日圓以上、三十億日圓以下的優良企業，每名員工的人事費是四百二十三萬日圓。經過一連串的試算，山口電器每名員工的人事費高出大約一百萬日圓，這代表山口電器的勞動生產率比一般企業更高。

善用「RFM分析法」，教你透過日期、次數、金額鎖定客群

山口電器採取社區型經營模式，必須清楚掌握社區居民的特徵，他們將與消費者交流所得到的資訊，整理成資料庫，當想提升營業效率時，可以使用顧客資料來鎖定客群。山口電器擁有三萬筆以上的顧客資料，並將焦點鎖定在其中的一萬名顧客。

山口電器採用**RFM分析法**，依據消費日期、消費次數、消費金額來分類顧客。RFM是Recency（最近消費日期）、Frequency（消費次數）、Monetary（消費金額）三個單字的縮寫。你可以透過這三項指標，鎖定並選出重要顧客，再進行促銷策略。

比方說，針對最近一年內消費累計金額超過一百萬日圓的顧客，進行個別拜訪、寄送DM。將超過五年未消費的顧客從資料庫中剔除，讓資料變得更精確。採行上述的顧客分析，可以找出就算價位高也願意掏錢購買的顧客。如此一來，就能用更少的員工，進行更有效率的交易。

還有，盡可能透過與顧客交流，掌握每位顧客家裡的電器產品使用狀況，就可以知道顧客何時該更換或需要什麼樣的產品，對於行銷活動很有助益。所以勞動生產率越高的企業，每名員工的人事費用也越高。

到目前為止，山口電器對人事費用的投資，可以看作是他們創造附加價值的原動力。

即便你能掌控的數據只有營業額、員工人數等極少的資訊，也能運用這些數據，對你的公司、客戶、採購商品的對象進行分析。這樣一定能發現公司的獲利模式，同時深刻體會到會計不只是出納而已。

天價超跑被當作寶物，原因除了高性能還有……

即使對車子不感興趣的人，也應該聽過義大利的高級車品牌法拉利。法拉利的車子很名貴，一輛車售價超過兩千萬日圓。

也許有人會想：「車子賣這麼貴，誰會買啊？」可是，法拉利公司二〇一三年十二月的營業額，比起去年同期成長五％，金額是二十三億三千五百歐元（約三千兩百五十億日圓），不但刷新最高紀錄，淨利也是歷年最高，比去年成長五・四％。銷售業績這麼好，只能說「世界真大，什麼事都可能發生」。不過，售價兩千萬日圓以上的車子如此熱銷，背後隱藏著什麼樣的訊息呢？

最初的主商品是賽車，經營理念與一般汽車廠商不一樣

義大利車商法拉利的創辦人恩佐・法拉利（Enzo Ferrari）本來是一名賽車手，因為想自己製造賽車，讓自己生產的賽車在比賽中贏得勝利，才成立公司。

他削弱舊式賽車的性能，改造成可以在公路上行駛的一般車，客層鎖定貴族與富豪，以高價銷售自家汽車。從法拉利成立的那一刻開始，就被定位為普羅大眾買不起的車種。

即使得捨棄搭乘的舒適感，也要追求賽車性能。恩佐在講到自家生產的汽車時，絕口不提「跑車」二字，由此可看出他的這份堅持。

從會計學（計算能力）的觀點來看，恩佐是為了取得製造賽車的資金，才製造將舊式賽車降階的車種，並進行販售。這和其他車商為了提升自家汽車的開發技術與品牌形象，參加車界最高盛事F1比賽的動機，正好完全相反。恩佐對於賽車的想法，就是法拉利創立的初衷，也是高價銷售策略的本質。

當法拉利活躍於F1業界後，連帶使品牌形象提升，世人對法拉利的絕佳性能、優美設計也給予高度評價。結果，法拉利被定位為專門銷售等同賽車性能的高級車商，並在全世界佔有一席之地。

法拉利v.s.保時捷

足以和法拉利匹敵的，非德國車商保時捷莫屬。保時捷販售的是售價超過一千萬日圓的高級車，並將主力鎖定在法拉利不想碰觸的跑車系列。

創辦人菲利・保時捷（Ferry Porsche）曾說：「我心目中的理想車型是小型輕量，而且能源效率高的跑車。我一直在尋找那輛理想的車子，卻一直找不到，所以決定自己製造生產。」（資料來源：保時捷官方網站）這就是他的創業理念。保時捷堅持創造完美的跑車，這份堅持仍延續至今。

特別是創立以來，保時捷將主力鎖定在兩人座跑車，已在狹隘的兩人座跑車市場取得一席之地。無論是心中對跑車的概念，或是專注於汽車製作的精神，都是保時捷的品牌初心，這些方面都與法拉利類似。

直到二〇〇〇年以後，保時捷公司的動向才讓人發覺，它的經營理念與法拉利不同。保時捷不僅想保有狹隘的跑車市場，還想擄獲新消費者的心，企圖開拓SUV的新市場。SUV是Sport Utility Vehicle的縮寫，意指「運動型多功能車」，可以將它想像成大型的4WD車（四輪傳動車），是適合從事滑雪、衝浪、露營等戶外活動的車種，同時也能當作一般汽車使用，在都會區行駛。在日本，SUV也被當成主婦們的購物車，用途很廣，因此各廠商也陸續開發2WD（二輪傳動車）的小型SUV車。

保時捷為了開拓新市場而開發的SUV車種，名稱是「Cayenne」。當Cayenne問世時，保時捷的資深粉絲調侃說：「那不是保時捷的車」，但擁有跑車概念的SUV已在市場佔有一席之地，成為保時捷賺錢的金雞母。相較於保時捷，在我撰寫本書時，法拉利還曾公開表示，它們不會投入SUV市場。

比較法拉利與保時捷之後，再回顧法拉利的創業理念，若說法拉利製造的車子註定要以高價出售，也不為過。

案例

為何法拉利不同於保時捷，堅決不賣SUV車？

經過之前的分析與比較，可以理解法拉利的車子訂價高卻依舊搶手，是因為受到創立當時就有的特殊經營理念影響。以下將進行更深度的分析。

❶法拉利銷售量的異常現象

各位知道法拉利一年的銷售量是多少嗎？它在二〇一二年時，創下史上最高銷售量——七千三百一十八輛。保時捷在二〇一三年時，一年賣出十六萬兩千一百四十五輛。銷售量世界第一的豐田汽車（包含集團旗下的大發工業、日野汽車）則是在二〇一三年時賣出九百九十八萬輛，二〇一四年賣出一千零二十三萬輛，連續三年蟬聯世界第一。相較之下，法拉利的銷售量少得可憐。

更令人訝異的是，在法拉利史上寫下最高銷售量的隔年，也就是二〇一三年，法拉利竟宣布要減少在世界第二大汽車銷售市場（中國）的銷售量，這個消息震驚全球的汽車相關業者。然而，這其實是法拉利讓業績成長的策略之一。

法拉利在二〇一三年的銷售成績，受到這個經營方針的影響，銷售量減少為六千九百二十二輛，還不到七千輛。可是，如同先前所言，法拉利二〇一三年的營業額與淨利，都寫下最高紀錄。

❷稀有性更能突顯法拉利的價值

當時的法拉利董事長兼CEO盧卡・迪・蒙特澤莫羅（Luca di Montezemolo），在收益創下最高紀錄時宣布：「我們一年的銷售量不要超過七千輛。」因為銷售量增加，法拉利的價值會降低，而且中古車市場會出現許多二手法拉利，導致法拉利的價值更下降。

事實上，在一般的中古車市場，就算過了十年，法拉利的價格也幾乎沒有下跌過。二〇一四年在美國舉辦的拍賣會上，一九六二年款法拉利「250GTO」竟然以三千八百一十一萬五千美元（約四十五億三千八百萬日圓）的高價賣出。法拉利的車子已經超越車的領域，成為一種寶物了。蒙特澤莫羅曾說過一句名言：「法拉利不是只賣車而已，我們賣的是夢想。」這句話可說是法拉利經營理念的最佳詮釋。

法拉利的車子可依據每位客人的需求，進行客製化，「全世界獨一無二，絕對不會找到相同的第二輛」的稀有性，正是法拉利的品牌價值，也是它敢提高售價的最佳後盾。

法拉利不願一味迎合一般消費者，或許讓人覺得高傲，但如果換個角度思考，這是法拉利提高自身價值的策略，應該就能夠理解並接受吧？

各位不妨再想想，銀座的高級精品店，店門口都有警衛站崗，營造出不得隨意進入的氛圍。若不是一開始就打定主意要來購物的人，絕對不會走進店裡，這也是高級精品專賣店的共同特點。從店門口就開始選擇客人，只有真正喜歡自家商品的消費者才能進去。因此，在店內行銷時，員工才能堅持品牌理念，盡情宣揚自家品牌的特色。

❸推估一輛法拉利的邊際收益率（附加價值率）

那麼，法拉利的價格結構是如何？能夠創造出多少獲利？

請各位再回想一下高級飯店咖啡的故事。消費者願意付一千兩百七十日圓喝咖啡，為的並不是咖啡，而是花錢欣賞廣闊的庭園與享受體貼服務。

堅持「賣車也賣夢想」理念的法拉利，應該為對消費者提供了類似的氛圍。因為邊際收益率越大，才能產生這樣的成果。

以下的說明全屬我個人的推測，我參考的是二〇一四年日經新聞關於法拉利的報導。根據德國某研究中心的調查，一輛法拉利的營業利益（二〇一三年）約是兩萬四千歐元（三百一十二萬日圓），營業利益率是一四%。我依據這份資料，做以下推測（請見圖2-8）。

圖2-8 法拉利成本與附加價值（邊際收益）的推估

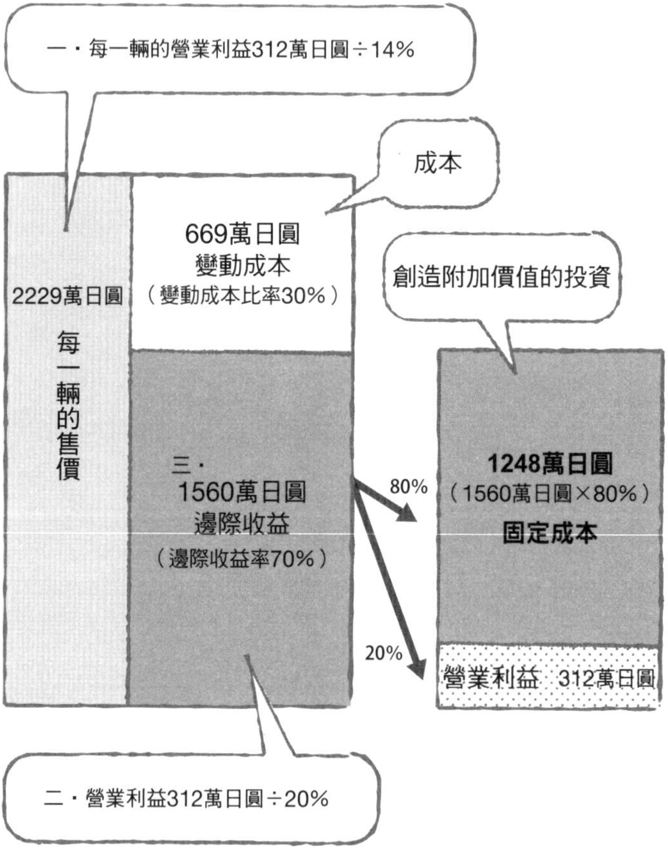

一、首先，算出每輛法拉利的平均售價

每一輛車的營業利益三百一十二萬÷營業利益率十四%＝二千二百二十九萬日圓。

二、算出每輛法拉利的邊際收益

業績優良的企業會採用以下的經驗法則，來分配邊際收益（附加價值）：邊際收益的八〇%是固定成本，二〇%是營業利益。分配到這二〇%的營業利益，稱為**資本分配率**。資本分配率中的資本，就是所謂的股東分紅。利益會歸股東所有，因此也稱為股東分配率。

每一輛車的營業利益為三百一十二萬÷二〇%＝一千五百六十萬日圓，也就是一輛法拉利的邊際收益。

三、計算邊際收益率（附加價值率）

邊際收益率是一千五百六十萬÷二千二百二十九萬日圓＝七〇%。

經過一番計算後，法拉利的成本（變動成本率）約是三〇％，換算成金額是六百六十九萬日圓（二千二百二十九萬日圓×三〇％）。換句話說，要支出六百六十九萬日圓負擔材料費等成本，然而在固定成本方面，也投資了一千兩百四十八萬日圓（一千五百六十萬日圓×八〇％）。結果，技術能力、服務能力、品牌力等價值佔售價的比例，也就是附加價值率，推估高達七〇％。

由此我們得出一個結論：只要花費這些金額，就可以製造出與眾不同的產品。

本章重點整理

■同樣一杯咖啡，可以因為地點或享用方式不同，而改變價格。

■若能清楚看到附加價值，即使價位再高，消費者還是願意付錢。

■當商品轉換為服務時，只要將「讓顧客買商品」的想法，轉換為「讓顧客開心、豐富顧客心靈」的模式，就可以想出提升服務價值的方法。

■透過變動損益表，可以看出附加價值（也就是邊際收益）是多少。附加價值，是由固定成本及收益所構成。

■從會計學來看，品牌化必須投入許多不能節省的固定成本，例如：員工教育費、人事費、店鋪設備投資費等。透過星巴克的實例，我們得知固定成本可以創造出附加價值。

■RFM分析法是以最近消費日期、消費次數、消費金額這三項指標，選出重要顧客，並進行行銷策略。

※編輯部整理

第3章

需求導向訂價法——洞悉顧客心理，用訂價激發購買慾

「買2件，第2件半價」為什麼能獲利？

第三章要說明製造消費意願的方法，也就是誘導顧客消費的方法。

比方說，男裝店常會打出「買兩件，第二件半價」的廣告，超市為了招攬顧客，也會推出特價商品。這時候，或許有人會擔心，店家這麼做能獲利嗎？其實，店家在進行這些策略之前，都已經精打細算過。

首先，分析「買兩件西裝，第二件半價」的獲利原理。

當我們在店裡看到這樣的促銷海報時，就算原本打算只買一件西裝，也會開始思考是否要買兩件。尤其在通貨緊縮、物價下跌之際，最常看到這種促銷方法。

AOKI或青山洋服的男裝量販店、休閒服裝店，常會祭出這樣的宣傳模式。

一件三萬八千日圓的西裝，第二件打對折。在景氣稍微回溫的時期，雖然價格會稍微上漲，但還是有許多店家會推出購買第二件的特惠方案。由此可見，價格競爭有多麼激烈。

在這樣的情況下，店家該如何創造利潤呢？

西裝的成本是多少？

首先要清楚確認西裝的成本，因為不曉得成本是多少，根本無法得知是否有獲利。據說，西裝的成本率大約是一〇％。我們必須充分瞭解，這一〇％背後所蘊藏的真正意義。

第二章已經提過，成本率通常是指材料費。如此說明以後，大家應該比較容易理解。依照這個原理去推估，若成本率是一〇％，一萬日圓的低價西裝，材料費為一千日圓。

那麼，大型男裝量販店的西裝售價中，材料費佔多少比例呢？如前所述，從大型成衣製造批發商的製造成本明細表來推算，製造成本中的材料費比例約為一〇%。利用這項資料推估，大型男裝量販店的營業額中，材料費所佔比例（**營業額材料費比率**）是四%左右（請見圖3-1），售價中材料費所佔比例竟意外地低。

這時候，你心裡或許會想：「什麼？竟然賺這麼多？」然而事實並非如此。

材料費比例比當初所想的成本率一〇%少，是因為材料費以外的成本項目費用較高。換句話說，大型男裝量販店的營業額材料費比率四%，要再加上製造成本、銷售成本，以及包含在營業費用內的外包加工費、配送費、包裝費、消耗品費等**變動成本**，如此一來，營業額的變動成本比率，推估約是一〇至一五%。謠傳的成本率一〇%，說成營業額變動成本比率較為貼切。

在會計學中，把材料費加上勞務費、經費的製造成本（製造低價西裝所需的成本總計）視為成本。所以，製造成本佔售價的比例約為四〇%（因為上市的大型男裝量販店的毛利率約為六〇%，以這個數據來推算，得出四〇%的數據）。

營業額＝售價，扣掉製造成本後所得到的數據就是毛利，所以售價一萬－銷售成本四千＝毛利六千日圓（賣出的話，財報就會將製造成本當作營業成本記錄）。

圖3-1 量販店的西裝售價結構

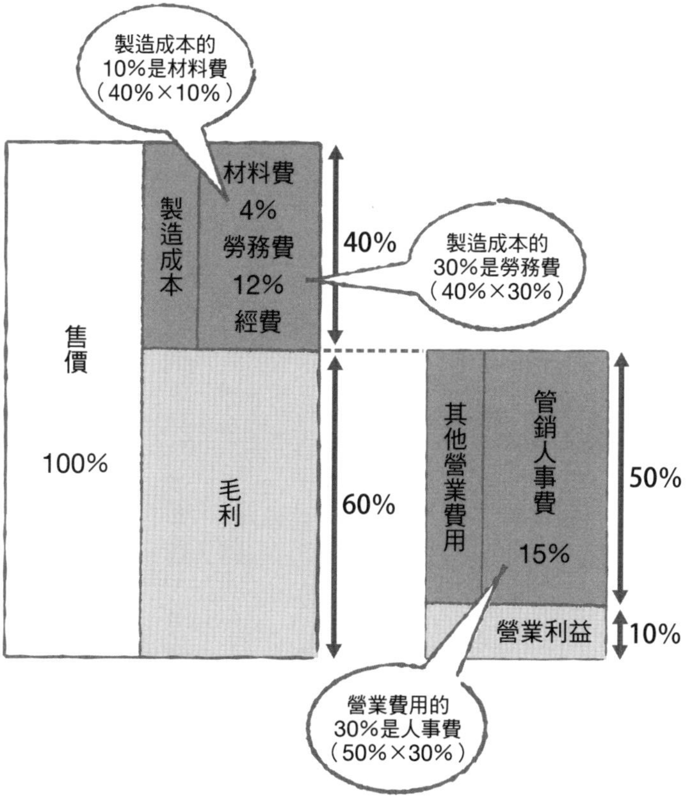

所以，售價1萬日圓的西裝，製造成本是4000日圓，毛利是6000日圓，因為要扣掉營業費用，最後得出營業利益1000日圓。

一件售價一萬日圓的低價西裝，製造成本是售價的四〇%，也就是四千日圓，而毛利是六千日圓（請見圖3-1）。

提到成本，大多數人只會想到材料費（變動成本），不過稍微了解會計的人會以製造成本（材料費、勞務費、經費的總計）來考量。但是，考慮到經營層面時，可能需要分析損益平衡點，以包含材料費在內的變動成本來考量，是非常重要的關鍵。

若以變動成本來考量這個案例，可以看出邊際收益是多少。邊際收益率是九〇%至八五%（一〇〇%－變動成本比率一〇～一五%），邊際收益率就是附加價值率。販售西裝跟賣咖啡一樣，能創造高附加價值率。假設男裝量販店的營業利益率約為一〇%，固定成本佔售價的比例很高，是八〇至七五%（請見圖3-2）。雖然價格競爭激烈，但是男裝量販店為了獲利，需要創造這麼高的邊際收益率（八五～九〇%）。

圖3-2　推算男裝量販店的西裝邊際收益率

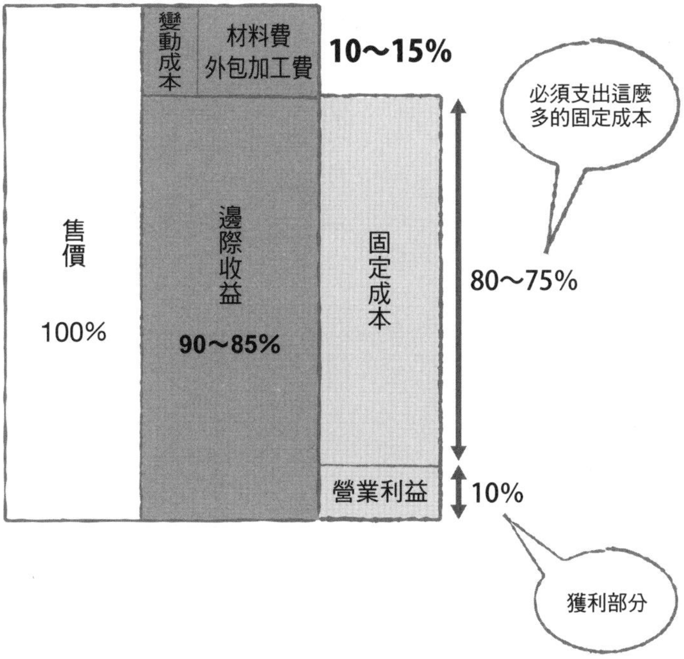

案例

青山洋服的獲利訣竅，是節省固定成本

如前所述，想提高邊際收益率（附加價值率），必須支付固定成本。男裝量販店的邊際收益率高達八五％以上，想必固定成本很高。尤其是人事費用，佔固定成本極大的比例。

❶推估一件西裝的人事費用比例（圖3-3）

製造成本中的勞務費比例出乎意外地低，大約是三〇％（依據大型成衣製造批發商的製造成本明細表來推估）。勞務費比例之所以這麼低，是因為產品在勞力廉價的東南亞地區生產，利用工廠的空檔時期處理加工作業，降低租金支出，並設法

圖3-3 從量販店西裝的損益結構，找出人事費用佔多少比例。

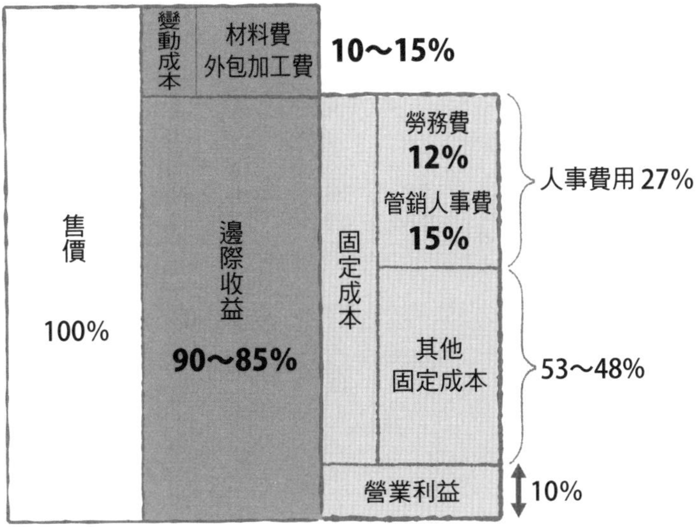

降低勞務費支出。

結果，售價中勞務費所佔的比例是一二％。（來自於售價中製造成本所佔比例四〇％×製造成本中勞務費所佔比例三〇％。）

營業費用中，管銷人事費所佔比例約是三〇％，所以售價中人事費所佔比例為一五％（來自於售價中營業費用所佔比例五〇％×營業費用中管銷人事費所佔比例三〇％。）（請參照圖3-1）。

因此，推估售價中，人事費用（勞務費＋管銷人事費的總計）所佔比例為二七％（一二％＋一五％）。

❷一件西裝的損益結構（圖3-4）

首先，以邊際收益率是八五％為前提來思考。

假設西裝售價是三萬八千日圓，材料費和外包加工費等變動成本是五千七百日圓（38,000×15％），邊際收益（附加價值）則是三萬兩千三百日圓（38,000×85％）。

圖3-4　賣出一件西裝時，量販店西裝時損益結構

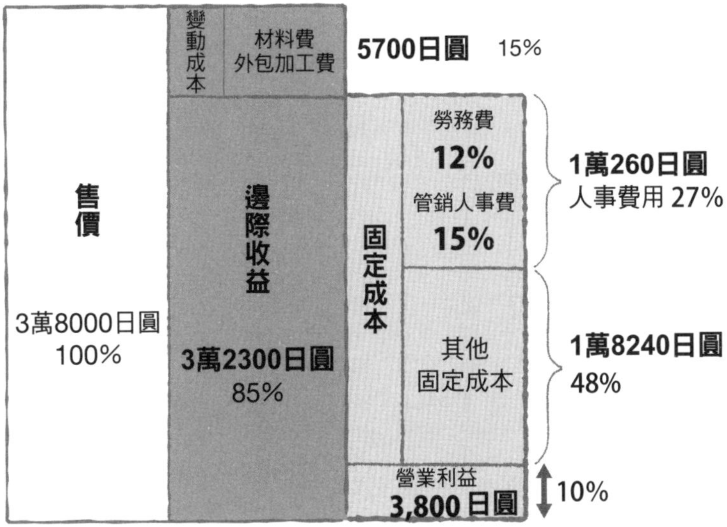

售價3萬8000日圓的明細

- 材料費（變動成本）5700日圓　15%
- 附加價值（邊際收益）3萬2300日圓　85%

明細	人事成本	1萬260日圓	27%	固定成本
	其他	1萬8240日圓	48%	
	收益	3800日圓	10%	

人事成本是一萬零兩百六十日圓（38,000×27%），其他固定成本是一萬八千兩百四十日圓（38,000×48%）。最後得出來的計算結果，售價三萬八千日圓西裝的營業利益是三千八百日圓（38,000×10%）。

❸第二件半價的目的

販售一件三萬八千日圓的西裝時，首先員工要向顧客介紹商品，並丈量尺寸以方便修改，再拿西裝至收銀台結帳，包裝好再送到顧客手上。花費人事費用提供以上服務，創造出邊際收益三萬兩千三百日圓，營業利益則是三千八百日圓。

如果顧客因為第二件半價，同時買了兩件，又是什麼樣的情況呢？由於賣出第二件時，不需要再另外花時間接待顧客，人事費用和其他固定成本幾乎是零（不必在乎細微數字）。

那麼，第二件西裝的獲利是多少？第二件西裝的售價是一萬九千日圓，材料費等的變動成本是一件五千七百日圓，扣掉變動成本五千七百日圓，邊際收益是一萬三千三百日圓。可是，量尺寸、結帳等手續都在賣出第一件時就做過了，不會用到

圖3-5　賣出第二件半價西裝時的損益結構

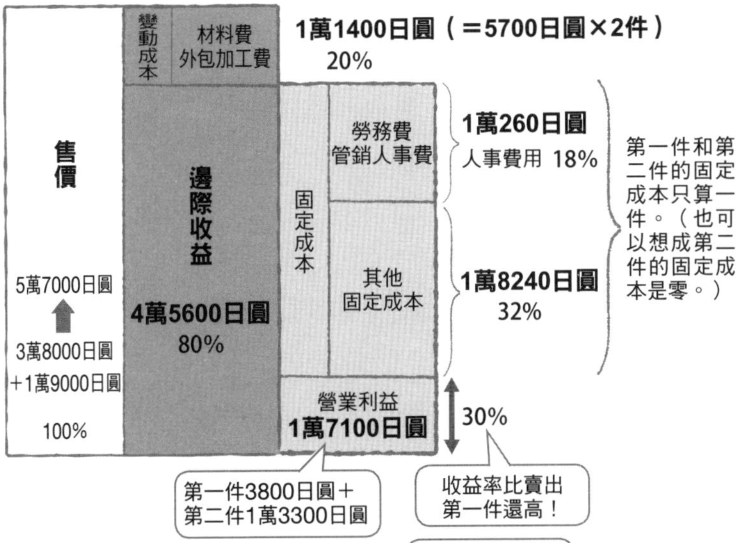

售價1萬9000日圓的明細

- 材料費（變動成本）　5700日圓　30%
- 附加價值（邊際收益）　1萬3300日圓　70%

第二件也一樣

明細
- 人事費用　0圓
- 其他　0圓
- 收益　1萬3300日圓　70%

固定成本幾乎是零

收益率變高！

固定成本，邊際收益一萬三千三百日圓全部都是獲利（營業利益）。

也就是說，賣出一件西裝的營業利益是三千八百日圓，但如果同時賣出兩件，營業利益是三千八百日圓與一萬三千三百日圓的總和，大幅提高到一萬七千一百日圓（請見圖3-5）。如果同時賣出三件，營業利益再加一萬三千三百日圓，變成三萬零四百日圓。

像這樣，同時賣出超過一件的西裝，可以省下固定成本，**銷售效率**（每人每小時的邊際收益）也會大幅提升。（每人每小時的邊際收益，稱為每人每小時生產效率，是判定零售業賣場效率的指標。）這就是打出第二件半價促銷口號的真正目的。

因為第三件以後也是以半價銷售，一次購買許多件西裝的客人，是讓男裝量販店營收大增的好顧客。如果你是買了三件西裝以上的顧客，應該還可以再殺價，因為你讓店家的營業利益大幅增加，當然可以希望店家給予一些回饋。

如果顧客這次買了許多西裝，同時還訂製襯衫等其他類型的服裝，因為已經留下顧客的尺寸資料，便可以省下人事費用，使收益增加。

固定成本的多寡，與時間長短成正比。人事費用等固定成本高的服務業，如果能縮短待客時間與作業時間，就能削減固定成本。

利用消費者心理，讓他們覺得買到賺到

價格標籤上最常見的數字不外乎是九和八，例如：一百九十八日圓、一千九百八十日圓、兩千九百八十日圓、三千九百八十日圓等。這兩個數字能讓人產生安全感，但為何會這樣呢？為了探究原因，本節將介紹以消費者心理為考量的**心理訂價法**案例。在思考行銷策略時，該如何設定價格策略是非常重要的。

9、8等數字讓人買到感覺便宜的尾數訂價效應

所謂的**尾數訂價法**，就是像前面所述，以九或八做價格尾數。九或八比整數少

了一點，自然會讓人覺得便宜，因此能夠達到促銷的目的。

❶改變位數就能產生效果

假設十萬日圓的包包，訂價為九萬八千八百日圓，這樣的價格差距，是不是會讓人覺得變便宜了呢？實際上，只有降價一・二％而已（1,200÷100,000），但是價格從六位數下降至五位數，讓人產生相差一萬日圓的錯覺。冷靜想想就能看出破綻，可是，對於無論如何都想要的商品，人們就是無法冷靜下來。

❷「8」這個數字經常使用的理由

逛食品超市時，你應該會發現，價位尾數是九或八的商品佔了八成以上。比方說，嫩雞胸肉一百公克五十八日圓、竹莢魚一尾一百二十八日圓、炸牡蠣七個三百九十八日圓、白蘿蔔一根九十八日圓。請大家注意，價格尾數出現頻率最多的數字不是九，而是八。

舉百圓商品為例，價格九十九日圓與九十八日圓，給人的感受大不相同。

另一方面，沃爾瑪集團旗下的西友超市，商品訂價經常是九百九十九日圓、九千九百九十日圓，喜歡強調九這個數字。在美國，強調訂價尾數九是主流趨勢，這種現象在沃爾瑪集團旗下的折扣店很常見。有人說數字8寫成漢字是「八」，字形往外擴展，有結好緣的意思，所以日本人喜歡數字「8」。

如果訂價是九十八日圓，你拿出一百日圓銅板付款，還會找回兩日圓，是不是有便宜的感覺呢？相反地，如果訂價是一百零二日圓，你拿出一百日圓銅板，還要再加兩日圓，會有變貴的感覺。消費者雖然知道加上消費稅，其實並沒有比較便宜，但前者的訂價方式就是會讓人覺得自己賺到了。心理學上將這種現象稱為**尾數訂價效應**。

最近某家食品超市的每日特價商品訂價如下，星期一：鴻喜菇兩袋八十八日圓，星期二：滑菇兩袋八十八日圓，星期三：菠菜一袋八十八日圓，廣告單上商品訂價的尾數幾乎都是八。

❸如果是網購或電視購物，尾數訂價效果不佳

網路商店也會採用尾數訂價法，但效果並不好。由於網購無法看到實品，消費者多少都有些懷疑，售價是否符合商品品質。消費者在網購時，考慮時間會拉長，比較不會像在實體店購物時那麼衝動，看到訂價覺得便宜就買了。

電視購物也是一樣的情況，因此電視購物台介紹完商品後，會限定半小時內成功訂購者才享有優惠，螢幕上會秀出倒數中的購買時間，企圖催促消費者趕快消費。

案例

蒲燒鰻魚飯老店提出「階梯式3種價格」，故意讓你選中間

在東京都內某家購物中心裡的蒲燒鰻魚飯老店，鰻魚蓋飯的菜單有三種，松定食是三千日圓，竹定食是兩千四百日圓，梅定食是兩千日圓。

當你走進這家店時，會選擇哪一種定食？據說有半數以上的人，都會選擇中間的竹定食。我也是選竹定食。實際測試的結果，三種定食的點餐比例為三：五：二。

這種根據商品內容區分等級的訂價法，稱為**階梯訂價法**。壽司店、天婦羅店、豬排店常採取這個方法，也可稱作松竹梅策略。

若能善用人們會選擇中間價位的心理，便能提升營業額。

「Origin便當」（日本永旺集團所經營的連鎖便當店）原本只賣一種「幕之內」便當，後來為了提升營業額，二〇一二年九月將訂價調整成四百五十日圓，並新增四百九十日圓、六百九十日圓兩種便當。結果，正中間的四百九十日圓「上幕之內」賣得最好。由一種便當增加為三種，讓消費者有選擇的依據，促使中間價位的便當雀屏中選。

像這樣幫商品訂定階梯式的價格，並擬訂出一定的選擇框限，可以誘導消費者從中選擇。這就是所謂的**框依效應**（Framing Effect）。想提高銷售單價，框依效應是很有效的方法。

案例

日本7-11推出飯糰百圓均一價，比「天天九折」更誘人

各位是否曾注意過百圓商店的銷售模式呢？一般人將百圓商店的行銷手法稱為**均一價策略**。成本率不同的商品，訂價卻一律相同，這是為了讓消費者產生安全感與優惠感，藉此提升營業額。

❶ 7-11打出「飯糰、壽司特價一百日圓」促銷策略的目的

日本7-11推出「飯糰、壽司特價一百日圓」的活動，可視為百圓均一價的最佳例子。這個價格策略是在有限的時間裡，將平常含稅後未滿一百六十日圓（未稅一百四十九日圓）的飯糰、壽司，統一訂為含稅一百日圓（未稅九十三日圓）。至

於含稅後一百六十日圓（未稅一百四十九日圓）以上的飯糰、壽司，則統一訂為一百五十日圓（未稅一百三十九日圓）。

實施這項價格策略是為了擴展來客數。7-11一年有好幾次「飯糰、壽司特價一百日圓」的活動，製造顧客來店的動機，提高來店次數，讓來客數變多。

這樣的百元均一價活動難免會讓人以為，要促銷平時因為價格較高而較少人購買的一百六十日圓左右的飯糰。但實際上，原本價位在一百一十日圓左右的佃煮海苔、美乃滋鮪魚、昆布等基本商品也同樣熱銷。平常會在7-11買麵包的顧客，發現今天有特價活動，多數都會再加購飯糰，特價期間相關商品的營業額是平常的一・五倍。

原本售價一百一十日圓的飯糰變成特價一百日圓，大約打了九折。可是，百圓均一價的促銷手段，比打出「飯糰九折」的口號更容易刺激消費者的購買慾，銷售成績也更好。這也是之前提到的框依效應的例子之一。將售價統一訂為一百日圓，會讓人覺得平常售價一百日圓以上的飯糰、壽司都變便宜了。

略。

❷ 百圓商店與7-11百圓均一價的差異

7-11的飯糰、壽司百圓均一價策略，是基於便利商店經營策略所提出的行銷策略。

便利商店的策略範疇（經營策略），是為附近的消費者（顧客），提供隨時都能就近購買所需用品的便利服務（需求），而長時間經營的零售店（特有能力）。因為商圈範圍非常小，必須讓既有顧客不斷光顧，營業額才能提升。

相較之下，以大創、Can Do為首的百圓商店，一開始便將百圓均一價設定為經營策略。大創定義自家店舖是「家庭主婦花五百日圓就可以逛半小時的休閒樂園」，鎖定家庭主婦為主要目標客群。

光看這個策略範疇，便能看出大創不認為自己是零售業，而是定位為服務業。據說實際上，消費者停留在店裡的半小時，平均消費金額就是五百日圓。

❸ 成立「百圓商店」的必備條件是什麼？

要成立一間百圓商店，需要準備什麼呢？

大創不是上市公司，所以這裡舉上市公司Can Do為例，說明必須做什麼準備。Can do的盈利率是三六・七%（資料來源：二〇一四年十一月份的非合併財報）。因為全公司的營業額，包含了批發給連鎖加盟店的營業額一二・八%，可以猜想毛利率中，直營店的零售營業額所佔比例會更高。假設批發的毛利率是一〇%，直營店的毛利率是四〇・六%（請見圖3-6）。

先說明圖3-6下方的計算過程和思考模式。

對零售業而言，毛利率四〇・六%是非常高的數字。由此可以推估，百圓商店販售的商品成本率約為六〇%。

營業費比率（營業費用÷營業額）是三四%，營業利益率是二・七%，營業費用中，佔比最高的成本項目是人事費、土地使用費與房租。營業額中，人事費所佔比例是一五・一%，土地使用費與房租所佔比例是一一・一%。營業費用中，這兩項所佔比例合計是七七%（〔15.1%＋11.1%〕÷34%）。百圓商店的策略能否成功，關鍵在於是否必須花費這些成本。

從以上的資料，可以解讀出實施行銷策略時的三個重點。

圖3-6 推估Can Do直營店的銷售情形

	A	B	A×B	（A×B）的分配比例
	毛利率	銷售分配比	毛利率×銷售分配比	貢獻度
直營店的零售銷售總額	40.6%	87.2%	35.4%	96.5%
對連鎖加盟店的產品批發	10.0%	12.8%	1.3%	3.5%
Can Do全公司	36.7%	100.0%	36.7% ➡	100.0%

2014年11月份（非合併決算）

※註：直營店與連鎖加盟店的毛利率是推估值。

※以100%為基準，算出分配比36.7%，就知道對於毛利率的貢獻度是多少。直營店對於全公司的毛利率貢獻度是96.5%。

① 批發商的毛利率10%×銷售分配比12.8%≒1.3%

② 全公司毛利率36.7%－①1.3%＝35.4%

③ 因此，透過以下算式，算出直營店（零售）的毛利率是40.6%

② 35.4%÷銷售分配比87.2%＝40.6%

第一，為了提高毛利率，採取降低採購成本的策略。前文已經說明過，這裡不再重提。

第二是人事費。配合一週中每一天、每個時段的繁忙或空閒狀況，安排工作人員，力求人力分配有效率。此外，必須想出能提振員工士氣的方法。因為臨時員工居多，需要改善雇用條件，並提供升等為正式員工的機會。

第三是土地使用費與房租。立地條件的好壞會影響業績，因此確保新店開張的地點非常重要。

針對這三項課題投入必要的資金，就是百圓商店提高營業利益的關鍵。

案例

銀座吉野家用「錨定效應」，漲價也不影響業績

各位是否有過這樣的經驗呢？聽別人說「這間店的東西很好吃」，實際光顧後，卻覺得沒有想像中美味。別人嘴裡的「好吃」，讓你有了先入為主的觀念，於是產生高度期待，但實際品嚐以後，因為不符合期待，反而出現「很失望，一點也不美味」的評價。

我曾經因為某家連鎖拉麵店的「全世界最美味的杏仁豆腐」手寫POP廣告（現場廣告：Point of Purchase Advertising），點了杏仁豆腐來吃，實際品嚐後覺得口味普通，當下感到非常失望。如果廣告單上寫的不是「全世界最美味」，或許我會覺得好吃。

從這個例子可以看出，最先得到的資訊會影響後來獲得的資訊評價，這就是所謂的**錨定效應**。錨意指船錨。船隻停泊在海面上時，將繫有繩索的船錨往海裡丟，船錨會鉤住海底的砂地，船隻就可以停留在一定的範圍內，不會漂走。將這個停船原理想成是人類的心理作用，就是錨定效應。

在思考價格策略時，可以利用錨定效應。有一次我走在銀座街頭，透過精品店櫥窗欣賞店裡訂價十萬日圓、二十萬日圓的精品時，發現有人舉著五千兩百五十日圓的看板站在店門口。

那是銀座大街上某家皮包店的廣告看板。那一刻，我覺得這家店的包包真便宜。會覺得便宜，是因為跟精品店做了比較。如果去老街的舶來品店，會覺得這樣的價格只是一般價格，並沒有特別便宜。這也是一種錨定效應。如果當時很想買包包，就會不由自主地進入店裡選購。

這家皮包店的官方網站打出廣告標語：「在日常生活的舞台上，也要成為最閃亮的那顆星」，用紅線將建議售價兩萬六千兩百五十日圓劃掉，換成五千兩百五十日圓。像這樣將售價變更前的價格也一併標示的方法，同樣屬於錨定效應。

如果你理性思考就會發現，根本不會有人以原始的建議售價購買，如此一來，你就不會因為看到降價而衝動消費。

前陣子牛丼飯要漲價的話題被炒得沸沸揚揚，可是當你看到銀座鬧區的吉野家，就會發現大家早就忘了漲價的事，因為店裡依舊高朋滿座。

如何經營自有品牌，讓毛利提高5～10%？

所謂的ＰＢ商品，是指自有品牌商品，也就是零售業或批發業自己企劃、銷售的商品，生產則委託工廠製作。永旺集團的Top Value品牌商品、7&I控股公司的SEVEN PREMIUM品牌商品都很有名。為了與廠商企劃、製造的全國性品牌「ＮＢ」商品區別，創造出「ＰＢ」商品這個名詞。

在零售店裡，陳列的幾乎都是自有品牌商品，這就是獲利策略。現在，讓我們探索其中的原因。

尋找自有品牌商品的起源——自有品牌商品誕生的原因

最早的自有品牌商品要追溯至一九六〇年代，那是製造業極為強盛的時代。當時大榮超市因為低價策略而業績大幅成長，創辦人中內功先生認為：「低價策略機制的價格決定者並不是製造商，而應該是零售商。」

一九六四年，大榮超市將松下電器（現在的Panasonic）產品的售價，訂得比松下電器許可的一五%折扣範圍還低。由於折扣超過二〇%，當下松下電器發布停止出貨的命令，大榮超市便趁機對松下電器提起違反「反壟斷法」的告訴。

一九七〇年，大榮超市推出自有品牌的十三吋彩色電視「BUBU」，售價訂為五萬九千八百日圓。因為價格比大廠牌的電視便宜四〇%，使得「**破壞價格**」一詞廣為流傳。

當時，其他百貨公司和超市也開發自有品牌商品，但消費者對於廠商的產品（全國性品牌商品）有著高度信任感，認為自有品牌商品是廉價劣質品，因此這類無法普及。

在這樣的風氣下，一九八〇年西友超市推出自有品牌，這個品牌就是現在已家喻戶曉的無印良品。正如其廣告標語「品質好又便宜」，無印良品的產品被定位為優質的自有品牌商品，為現在的自有品牌潮流揭開序幕。

自有品牌商品潮流從二〇〇六年左右開始。因為油價暴漲導致全國性品牌商品漲價，加上雷曼事件等金融危機所引發的通貨緊縮（物價持續下跌）壓力，消費者追求低價商品、力求節約的傾向更為明顯。受到這種氛圍的影響，零售店裡充斥著自有品牌商品。

物流業也需要自有品牌商品，不只是因為便宜

企業為什麼會採用自有品牌策略呢？

第一是便宜。生產自有品牌商品的廠商，能自行降低製造成本（材料費、勞務費、經費的總計）。因為生產自有品牌商品，可以在工廠閒置期仍保有一定的生產

量，提高工廠整體的運轉率。因此，可以降低產品製造的固定成本，製造成本也會跟著下降。廠商因為已與物流業者簽訂購買所有產品的契約，不需要承擔產品滯銷的庫存風險，也不用拋棄任何一件產品，自然能降低製造成本（相關內容請參考第四章）。

而且，製造商不需花費廣告宣傳費和促銷費等成本，營業費用也可以降低，連帶地，總成本（製造成本與營業費用的合計）也會降低。如此一來，總成本乘以營業利益的售價，就可以訂得更便宜（請見圖3-7）。

第二，可以創造高毛利率。自有品牌商品的毛利率，會比全國性品牌商品高約五至一〇％。如果是營業額一億日圓的公司，自有品牌商品的銷售分配比例為一〇％（自有品牌商品的營業額為一百億日圓），在毛利方面會有五至十億的差距。假設毛利的二〇％是營業利益，就會有一至兩億的差距，所以絕對不能忽視自有品牌商品對收益的貢獻能力。

第三，因為是由掌握眾多消費者資訊的物流業來企劃商品，可以即時回應對全國性品牌商品不滿意的消費者需求。7-11的熱銷商品「金磚吐司」就是徹底研究消

圖3-7　製造商產品（每單位）的成本結構

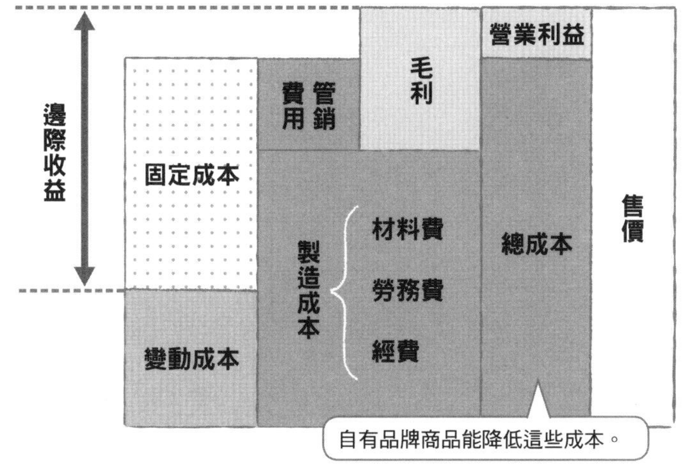

費者需求後，創造高附加價值的最佳代表商品。一旦成功，不僅顧客會給予高度評價，還可以開拓新客源。

第四，因為零售商是企劃者，可以舉辦獨具特色的促銷活動。舉例來說，由私鐵集團旗下的八家超市（東急、小田急、京王等）共同企劃的V MARK品牌商品（Value Plus），曾舉辦V MARK感恩會，並在各店內舉辦抽商品券的促銷活動。

儘管優點很多，然而一

且有問題，物流端必須負起說明與處理的責任，這也是一種風險。

此外，製造商也會怕自有品牌商品與自家公司產品競爭，以大型製造業為主的多數製造商，都不接受自有品牌的代工訂單。

自有品牌商品價格便宜、利益率高的原因

想知道自有品牌商品背後的祕密，以下將透過變動成本、固定成本、邊際收益等項目來說明。（請參考圖3-8）。

❶產品送達零售商手中的過程所創造的利潤

自有品牌商品實際上到底創造出多少利潤呢？

圖3-8是製造商產品（全國性品牌商品）運送給批發商、零售商銷售的過程中，必須花費的主要成本明細。

製造商的價格結構如圖3-8左側所示。

製造商的製造成本是八十（①材料費三十五＋③勞務費三十＋製作經費（②外包費十＋④設備費五））。因此，毛利是二十（廠商售價一百－製造成本八十），對製造商而言，邊際收益五十五遠比毛利二十高出許多。邊際收益就是附加價值，廠商的附加價值遠比財報所公開的毛利還要高。

在批發商方面，製造商售價一百就是採購成本。變動成本是採購成本一百，加上配送費四與邊際收益七，以一百一十一的批發價賣給零售商。

在零售商方面，要支付相當於變動成本的採購成本一百一十一、配送費三、包裝費十一，以及邊際收益二十五，然後以一百五十日圓的零售價賣給消費者。

一百五十日圓商品的整體產業附加價值（邊際收益）是八十七日圓（55＋7＋25），零售商的營業額中附加價值所佔比例是五八％（87÷150）。總而言之，售價的五八％等於是附加價值。

自有品牌商品的附加價值，是由零售商與製造商共同分擔，對零售商而言，自有品牌商品創造的附加價值，比全國性品牌商品來得高。這就是零售商要販售自有品牌商品的原因。於是，消費者能以便宜的價格，買到品質與全國性品牌商品相等

圖3-8 製造商產品（全國性品牌商品）送達消費者手中為止的成本結構

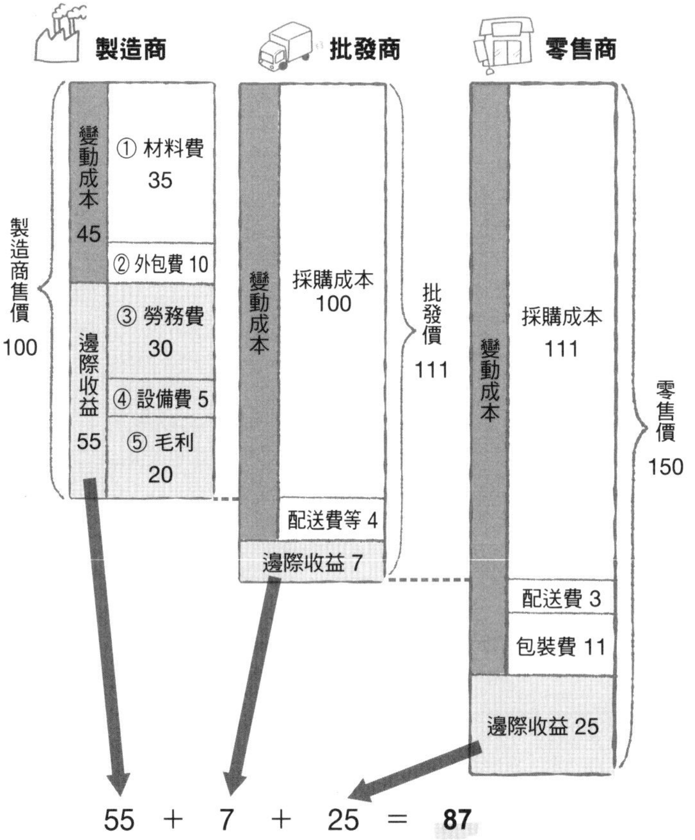

• **附加價值率 ＝ 87 ÷ 150 ＝ 58%**

或更優質的商品。關於這一點，接下來會再說明。

❷ 推估自有品牌商品的邊際收益率

這裡要比較的是，自有品牌商品與全國性品牌商品的收益結構差異。

請參見圖 3-9。左邊將圖 3-8 整理成一份變動損益表（依據變動成本和固定成本來製作的損益表），標示整個產業（製造商、批發商、零售商）的成本結構，也就是全國性品牌商品的成本結構。右邊則是開發自有品牌商品的成本結構。

全國性品牌商品的售價是一百五十日圓，自有品牌商品的價格則設定為全國性品牌商品的八〇%，也就是一百二十日圓。

外包製造自有品牌商品所需的成本是①材料費三十五，以及②外包費十、零售所產生的配送費三、包裝費十一。自有品牌商品不需要批發商配送費四的支出，但要支付相當於外包加工費的③勞務費十五、④設備費二、⑤毛利十，合計二十七日圓給外包製造商。因此，變動成本合計是八十六日圓。

於是，被委託製造的製造商因為量產效應（製作量越多，固定成本越低。請參考第213頁），③勞務費、④設備費（嚴格來說，應該是設備費轉嫁至自有品牌商品的額度）都比全國性品牌商品低。此外，由於製造商不用負責促銷，和製造全國性品牌商品時相比，向零售商索價的額度也稍微降低。這就是⑤毛利變少的原因。

最後，自有品牌商品的售價是一百二十，變動成本八十六、邊際收益三十四、邊際收益率二八・三％（34÷120）。

請參照圖3-10，這是零售商的情況。如果販賣全國性品牌商品，採購成本一百一十一、配送費三、包裝費十一，三個加起來等於變動成本，邊際收益是二十五，邊際收益率是一六・七％（25÷120）。

如果販賣自有品牌商品，邊際收益率就從一六・七％提高至二八・三％。以上就是使自有品牌商品低價，卻具有高附加價值的方法。

重點在於，量產效應讓外包廠商的固定成本降低，零售店的採購成本隨之降低，而且不需要批發配送費，邊際收益也提高，使得零售商獲利變多。如此一來，就能夠提供與全國性品牌同等級，或更優質的商品給消費者。

最後請參照圖3-11。這是依據毛利統計，重新修正圖3-10所得出的結果。全國性品

圖3-9 比較全國性品牌商品與自有品牌商品的成本結構

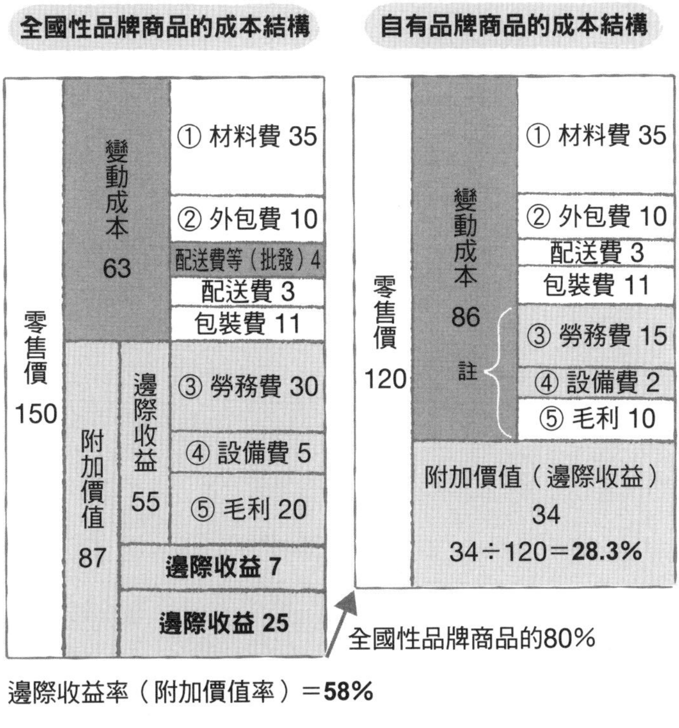

※註：被委託的製造商因量產效應，於是勞務費、設備費降低。
　　　而且，沒有促銷成本，毛利也跟著降低。

牌商品與自有品牌商品一樣，售價扣除採購成本（銷售成本）後，就是毛利。全國性品牌商品的毛利率是二六%，而自有品牌商品則是四〇%，明顯高出許多。

公開的財報只標示出二六%、四〇%的毛利率，或許更清楚易懂。然而，邊際收益是代表附加價值的指標，進行經營分析時絕不能遺漏它。此外，它也可用來分析損益平衡點。請一定要學會用邊際收益來思考。

圖3-10 自有品牌商品的零售價比全國性品牌商品零售價低

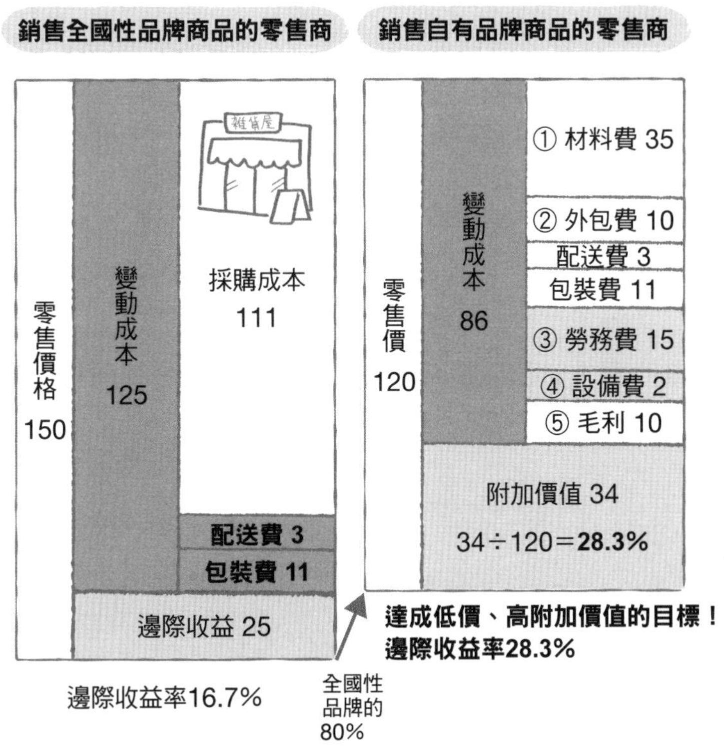

圖3-11 自有品牌商品的毛利率比全國性品牌商品高

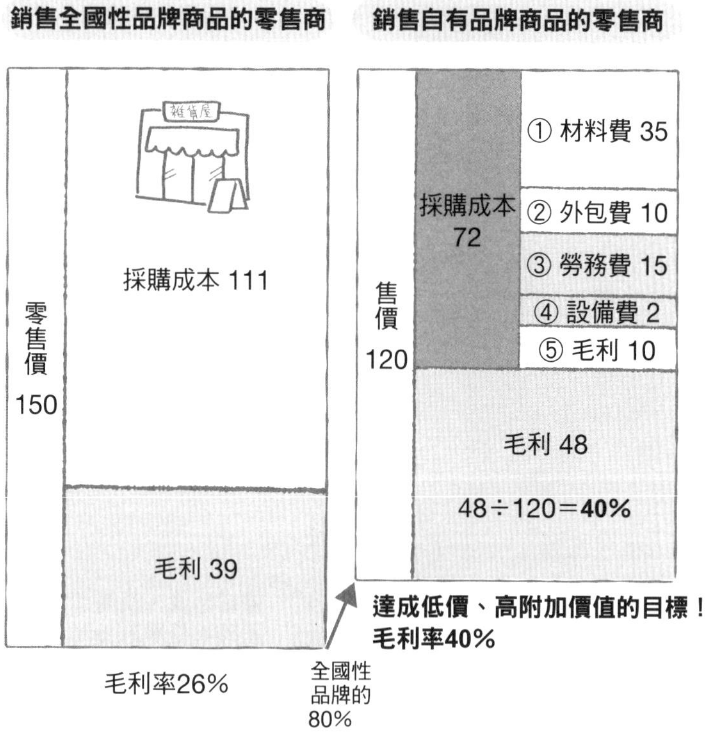

現金折抵vs.點數回饋，哪個最能吸引顧客買單？

許多商店都推出以點數回饋招攬顧客的策略。

你是不是每次購物時，都會被店員問「有集點卡嗎？」然後打開皮夾，找出那張集點卡。有越來越多店家推出更方便的服務，只要事先透過智慧型手機登錄會員，即使忘記帶集點卡，也可以累積點數。

以前購買家電等大型商品時，都是用現金付款，不過現在可以用回饋點數來選購商品。

累積點數這個行為本身，究竟是哪一方得利呢？

堅持現金折抵的ＫＳ電器

在搞笑藝人團體「漂流者」為ＫＳ電器拍的廣告中，出現這樣的台詞：「點數日後才能用，現金折抵馬上扣！」

這句台詞清楚地指出**點數回饋**與**現金折抵**的差異。當許多家電量販店都在互相競爭點數回饋率時，ＫＳ電器則堅持採取現金折抵，更顯得與眾不同。

為什麼ＫＳ電器堅持採取現金折抵的方式呢？該公司的官方網站刊登了社長的話：「相較於使用專用集點卡累積用途有限的回饋點數，『現金折抵』等於將折抵金額保留在消費者的皮夾裡，這樣不是更有賺到的感覺？」

換句話說，若累積的是點數，消費者必須再光顧一次，並購買其他電器產品才能使用。若換成現金折抵，不需要再次光顧，馬上就能折抵，多出來的現金還可以喝杯星巴克的咖啡。

看到這裡，如果有讀者還無法認同現金折抵，請思考以下問題：「百貨公司禮券一萬日圓與現金一萬日圓，你會選擇哪一個？」

相信大家都是毫不猶豫地選擇現金吧。由此可見，消費者還是比較喜歡皮夾裡還能留有現金的折抵方式。

試算點數回饋與現金折抵的損益

實際上，哪個方式比較有利呢？

假設購買十萬日圓的商品，點數回饋率與現金折抵率都是一五％，請設定在同一間店內消費。

❶使用點數購物

若是點數回饋，消費十萬日圓，可以拿到相當於一萬五千日圓的點數。日後購買一萬五千日圓左右的商品，使用點數折抵，等於不用付錢。但是，買了十一萬五千日圓的商品，使用點數後，還需要支付十萬日圓。也就是說，折抵額度是一萬五千日圓（115,000－100,000），折抵率（回饋率）是一萬五千日圓÷十萬日圓＝一五％。

❷在現金折抵商店購物

條件跟點數回饋一樣，只是換成在現金折抵商店購物。假設使用現金折抵，購買十萬日圓的商品，結帳金額是八萬五千日圓（100,000×0.85）。後來，在同一家店購買訂價一萬五千日圓的商品，可以折抵一五％，結帳金額是一萬兩千七百五十日圓。

以現金折抵時，可以用九萬七千七百五十日圓，買到價值十一萬五千日圓的商品（85,000＋12,750）。也就是說，折抵金額是一萬七千兩百五十日圓（115,000－97,750），折抵率（回饋率）是一萬七千兩百五十日圓÷九萬七千七百五十日圓＝一七・六％。

以付款金額來思考的話，點數回饋時要付十萬日圓，現金折抵時要付九萬七千七百五十日圓。現金折抵讓消費者現賺兩千兩百五十日圓（100,000－

97,750）。兩千兩百五十日圓可以吃一頓不錯的大餐。

兩者之所以有兩千兩百五十日圓的差額，是因為以點數購物的一萬五千日圓，無法再以點數回饋給消費者。雖然結帳金額是零，讓人有賺到的感覺，但是你第一次購物就付十萬日圓，等於一萬五千日圓的商品款項早已完成預付。使用預付的錢（點數）購物時，無法再享有點數回饋的優惠。

經過一番比較與損益計算，現金折抵的方式比點數回饋更有賺頭。

實際上，對店家而言，採用點數回饋較為有利，但若是尊重消費者意願，就會採取現金折抵的方式。現在你應該知道，為何多數店家在結帳時會詢問顧客是否要集點。

本章重點整理

■ 提到成本，一般人會想到變動成本，但懂會計的人會以製造成本來考量。然而，若要用經營層面來思考，最關鍵的是要以損益平衡點來分析。

■ 固定成本的多寡，與時間長短成正比。服務業只要能縮短待客、作業時間，就可以削減固定成本的支出。

■ 善用人們選擇正中間價位的心理，運用階梯訂價法來提升營業額。

■ 成本率不同的商品，訂價卻一律相同，這是為了讓消費者有安全感與便宜感，並藉此提升營業額。

■ 所謂錨定效應，指的是最先得到的資訊會影響後來獲得資訊的評價。在思考價格策略時，可利用這個心理作用。

■ 使用點數折扣必須再光顧一次才能用，相較之下，可馬上直接使用的現金折抵，更能讓消費者有賺到的感覺。

※編輯部整理

Date / /

第4章

競爭策略訂價法——在激烈價格戰中，持續獲利有訣竅

光憑便宜打不贏對手，餐飲業的低價獲利技巧是……

牛丼飯、烏龍麵、速食等簡餐店，價格競爭可說是非常激烈，但是光靠便宜無法賺到錢。本節要探討低價背後的獲利祕訣。

某天午餐時間，我到東京郊區的某家烏龍麵店。在停車場，有位看似學生的工讀生引導車輛，有幾輛車正等著開進停車場。我等了一會兒，終於將車子開進約能容納二十輛車的停車場。

這家烏龍麵店就是順應和食風潮，使得業績大幅成長的自助烏龍麵店——丸龜製麵。

堅持「現點現做」

進入店裡看到有十五個人在排隊，馬上就能感覺到，這間烏龍麵店與東京市中心或車站的烏龍麵店截然不同。

入口處擺了一台製麵機，這台製麵機做好的烏龍麵，立刻被放進旁邊的鍋子裡煮，並用碼表計算煮麵時間。每個步驟都確實管理，重點是要讓顧客親眼看見「製麵、煮麵、冰鎮、現點現做」的過程，將經營理念直接傳達給消費者。

這就是所謂的**店內促銷**（In-store Promotion），是非常重要的環節。雖然這麼做的經營效率不是很高，然而鎖定的目標客群，是想吃現點現做烏龍麵的消費者，所以一定要這麼做。

我問煮烏龍麵的阿姨：「要煮多久」，她中氣十足地說：「還要煮兩分鐘。」從煮麵鍋不斷冒出的熱氣刺激著我的食慾，讓我充滿期待。

店內設計成吧檯式，客人可以從鍋燒烏龍麵、烏龍湯麵、醬汁烏龍麵、竹簍烏龍麵挑選自己喜歡的菜色。我點的釜玉烏龍麵，就是在醬汁烏龍麵上放一顆水煮蛋。店員問我：「蛋要擺在上面？還是要拌在麵裡？」我問他：「哪種方式比較好吃？」店員建議我：「拌在麵裡，口感更香醇。」

店員如此積極地與客人溝通，讓我不禁覺得：「丸龜製麵的行銷策略跟星巴克一模一樣。」

吧檯前方擺放各式各樣的天婦羅配菜。我對店員說：「我想要現炸的天婦羅。」店員請我等一下，他們馬上幫我現炸。雖然炸牡蠣很大一個，好像很受歡迎，我還是挑選現炸的竹筍天婦羅和南瓜天婦羅。

吧檯尾端擺著豆皮壽司和飯糰。店員阿姨親切地問我：「要不要嚐嚐剛做好的飯糰？」我想都沒想，就拿一個飯糰擺在盤子上，然後排隊等結帳。水和茶都是要自取，我點好餐結帳後，走到用餐區，在麵裡淋上特製醬汁，並開始享用。

在顧客面前現場烹煮，把「手工製麵」、「現點現做」、「安心感」當成賣點，再加上店員熱情地與顧客互動，讓營業額不斷成長。

丸龜製麵的單價在兩百八十至五百日圓之間，比街上的烏龍麵店還便宜，而且服務相當體貼細膩。要提供這樣的服務，人事成本應該不低，那麼丸龜製麵是從哪個部分創造出利潤呢？

假設你是店長，依據營業資料擬訂獲利計畫

我參考類似丸龜製麵的自助式烏龍麵店的經營資料（請見圖4-1），試著擬訂獲利計畫。

想知道是否有利潤，損益平衡點是首要關鍵。如圖4-1所示，已知損益平衡點的營業額是六百九十一萬一千一百日圓。

那麼，假設你是丸龜製麵的店長，以店經營者的身分思考以下問題。

◆假設上一期的月平均營業收益是二十九萬日圓，並以收益成長一〇%，也就是三十二萬日圓（≒290,000×1.1）為目標。那麼，每個月必須賣出多少份烏龍

圖4-1 自助烏龍麵店的收益計畫資料（月）

- **預估客單價450日圓**

  註：客單價是指每一名消費者購買時的平均營業額。

- **客單價（1份）的變動成本**

  材料費120日圓、消耗品費15日圓、水電瓦斯費35日圓

  註：消耗品費是指擺在桌子上的調味料、茶、紙巾等的成本。

- **其他固定成本**

  人事費用250萬日圓／月、店舖設備費等180萬日圓／月

- **一個月的烏龍麵製造與銷售量為1萬7000份／月**

一、一個月的固定成本總額

人事費用250萬日圓＋店舖設備費等180萬日圓＝430萬日圓

二、客單價（一份）的邊際收益

客單價450日圓－（120日圓＋15日圓＋35日圓＝170日圓＝一份的變動成本）＝280日圓

三、損益平衡點的銷售數量（月）

要賣出幾份，才能創造相當於固定成本430萬日圓的邊際收益？

固定成本430萬日圓＝損益平衡點銷售數量×每份客單價的邊際收益280日圓

損益平衡點銷售數量＝430萬日圓÷280日圓≒1萬5358份

四、損益平衡點營業額＝1萬5358份×客單價450日圓＝691萬1100日圓

麵？（請見圖4-2）

一、需要創造多少邊際收益？

這個案例的固定成本是四百三十萬日圓，營業利益是三十二萬日圓，總計四百六十二萬日圓，也就是每個月要創造出四百六十二萬日圓的邊際收益。

二、為了創造上述的利益，試算應該賣出多少份烏龍麵？

每位客單價的邊際收益是兩百八十日圓，計算要累積多少個兩百八十日圓，才能達到邊際收益四百六十二萬日圓。

- 必須創造的邊際收益四百六十二萬日圓÷兩百八十日圓＝一萬六千五百份（人）
- 一個月的目標營業額（預算）是七百四十二萬五千日圓（一萬六千五百份×四百五十日圓）

三、確認損益平衡點比率與經營安全率。

最後用這個方法確認能否讓營業額穩定成長。藉由損益平衡點分析，可以知道

圖4-2　營業收益達到32萬日圓的邊際收益圖表

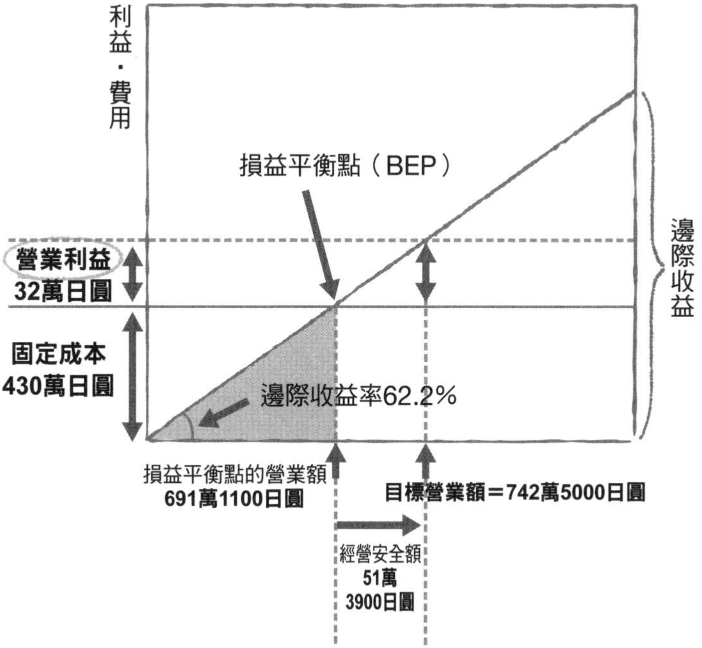

- **要賣出幾份餐點，才能賺到462萬日圓？（固定成本430萬日圓＋營業利益32萬日圓）**

  462萬日圓÷客單價邊際收益280日圓＝1萬6500份

- **每月目標營業額**

  1萬6500份×客單價450日圓＝742萬5000日圓

經營安全率是多少，以及營業額是否有成長。

目標營業額（B）中，損益平衡點營業額（A）六百九十一萬一千一百日圓所佔比例，就是損益平衡點比率。這個案例的損益平衡點比率是九三・一％（6,911,100÷7,425,000）。這個數字越小越好。希望數值在九〇％以下，所以九三・一％表示有點問題。

檢視經營安全率也能發現這個問題。（B）－（A）就是經營安全額（五十一萬三千九百日圓），目標營業額中經營安全額所佔比例，就是**經營安全率**，在這裡是六・九％（100％－93.1％）。要達到月目標營業額，經營安全率必須在六・九％以上，當營業額下滑時，意即收益會轉為虧損。經營安全率與損益平衡點比率正好相反，數字越大越好，至少必須在一〇％以上。

四、製作變動損益表，檢視整體狀況。

圖4-3是這間烏龍麵店的變動損益表。營業利益率（營業利益÷營業額）是四・三％。如果可以的話，希望提高至一〇％。

月製造與銷售數量，是一萬七千份，因為月目標銷售數量是一萬六千五百份，

圖4-3　自助烏龍麵店的變動損益表

		客單價
營業額	742.5萬	（450日圓×1萬6500份）
△變動成本	280.5萬	（170日圓×1萬6500份）
邊際收益	**462萬**	**100%（邊際收益率62.2%）**
△固定成本	430萬	
人事費用	250萬	**54.1%（勞動分配率）**
店鋪設備費等	180萬	
營業利益	**32萬**	
（營業利益率4.3%）		

表示有點利潤。如果能賣出這樣的數量，或許就能改善利益率。

勞動分配率（人事費用÷邊際收益）是五四・一%，稍微高了一點。這部分希望能降到五〇%以下。

說到要降低勞動分配率，常會讓人聯想到削減人事費用的方法，但如果這麼做，分母的邊際收益（附加價值）會變少，員工士氣也會降低。這時，就會出現「人這麼少，根本無法營業」的抱怨聲浪。

如果讓分母的邊際收益成長至一〇%，人事費用提高五%的話，勞動分配率會下降，人事費用會提高。員工與公司就可以共享喜悅。只看數字容易失真，但是想降低勞動分配率，就必須這麼做。各位的公司是否也是如此呢？

如果銷售營業利益率是一〇%，每個月銷量必須是多少？

假設課題是將營業利益率提升至一〇%。試著計算一下，要賣出多少份烏龍麵，才能達成這個目標。

首先，以「客單價四百五十日圓（營業額）的一〇%等於營業利益」為依據思考。

客單價四百五十日圓×一〇%＝四十五日圓。因此，客單價四百五十日圓所創造的邊際收益是兩百八十日圓（邊際收益除了是支付固定成本的資金，也是利潤）。為了讓營業利益率是一〇%，必須計算其他細項。

用來支付固定成本的邊際收益，是邊際收益減去目標營業利益所得出的數字，也就是兩百八十－四十五＝兩百三十五日圓。

固定成本是四百三十萬日圓，只要賣出固定成本四百三十萬日圓÷兩百三十五日圓＝一萬八千兩百九十七・八份≒一萬八千兩百九十八份即可。

於是，客單價四百五十日圓所創造的邊際收益兩百八十日圓中，兩百三十五日圓是用來支付固定成本，所以收益是四十五日圓。因此，如果賣出一萬八千兩百九十八份的話，就能創造八十二萬三千四百一十日圓（一萬八千兩百九十八份×四十五日圓）的營業利益（請見圖4-4）。雖然有點難懂，不過在擬訂收益計畫時，常會運用這個思考模式。

問題在於，製造與銷售量的上限是一萬七千份（月），一萬八千兩百九十八份已經超過上限。以現在的成本結構（變動成本、固定成本）來看，營業利益率一〇%是不可能達成的。可行的做法就是調高客單價，或是設法降低變動成本比率（每份餐點的變動成本也要降低）和固定成本。

此外，可以投資設備（增加員工、添購設備等），讓製造與銷售量變多。但

圖4-4 如何確保10%的銷售營業利益率

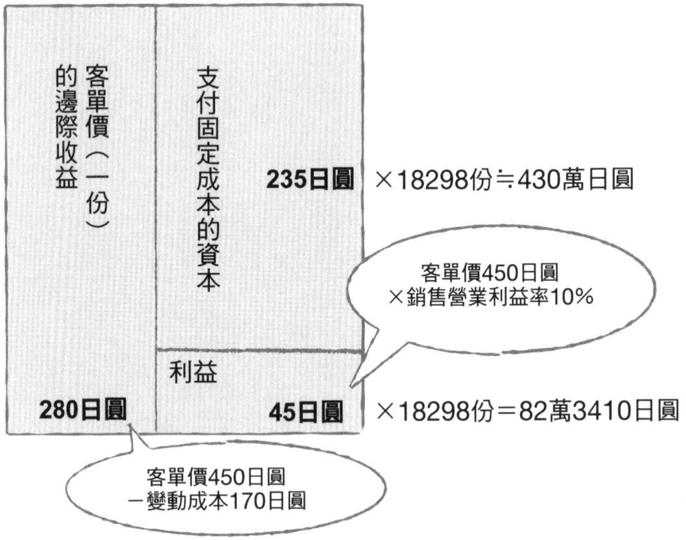

是，這個辦法在短時間內看不到成效，所以不列入考慮。

案例

丸龜製麵靠著與顧客交談，促進組合銷售

本節要探討的是在吧檯最後面，促銷現做飯糰的客單價提升計畫。（對自助烏龍麵店而言，這是重要課題。）

在丸龜製麵，員工會積極與顧客交談，希望顧客能多買一份餐點，藉此提高客單價。因此，他們會推銷擺在吧檯最後面的現做飯糰，努力讓月營業利益達到八十二萬日圓。雖然月銷售量控制在一萬六千份，卻能有計畫地讓一半的顧客再多買一個飯糰（八千份）。

❶飯糰的售價應該訂為多少呢？

每個飯糰的材料費，以二十日圓來計算。

一、首先，算出應創造的邊際收益。

每個月必須創造的邊際收益，是固定成本四百三十萬日圓＋營業利益八十二萬日圓＝五百一十二萬日圓。因為銷售份數一半的八千份是「沒有加飯糰的烏龍麵」，客單價是四百五十日圓（邊際收益兩百八十日圓）。以兩百八十日圓×八千份計算，邊際收益是兩百二十四萬日圓。

因此，剩下的兩百八十八萬日圓（5,120,000－2,240,000），就是加點飯糰所創造的邊際收益。

二、計算加點飯糰的餐點所創造的邊際收益。

由於八千份餐點加點飯糰前，邊際收益是兩百八十八萬日圓，因此加點飯糰後的邊際收益就是三百六十日圓（兩百八十八萬日圓÷八千份），最好以這個數字作為訂價依據。

三、計算加點飯糰時的客單價。

加點飯糰的客人，結帳金額是烏龍麵再加上天婦羅和飯糰的價格。

飯糰的材料費是二十日圓，烏龍麵的變動成本是一百七十日圓，邊際收益是三百六十日圓，全部加起來是五百五十日圓，也就是加點飯糰時的客單價。

四、這樣的話，飯糰的價格是多少？

加點飯糰時的客單價五百五十日圓－只點烏龍麵時的客單價四百五十日圓＝一個飯糰的價格，也就是一百日圓。

❷這正是組合銷售的奧妙

請參照圖4-5。這是賣出加點飯糰組合時的變動損益表。

整體客單價從四百五十日圓提升至五百日圓。如果能讓客人用一個銅板，吃到烏龍麵、天婦羅、熱騰騰的飯糰（丸龜製麵還有豆皮壽司），或許他們都會自動掏腰包買單吧。

若以數據來分析，客單價四百五十日圓的邊際收益率是六二・二％。可是，如果能強力推銷邊際收益率八〇％（80÷100）的飯糰，整體邊際收益率就能提高至六四％。而且，營業利益率也能超越一〇・二五％的目標。

圖4-5 加點飯糰的烏龍麵賣出8000份

變動損益表

透過飯糰和烏龍麵的組合，將客單價提高至500日圓！

	客單價
營業額	800萬日圓（500日圓×1萬6000份）
	360萬日圓（450日圓×8000份）
	440萬日圓（550日圓×8000份）
△變動成本	288萬日圓（180日圓×1萬6000份）
	136萬日圓（170日圓×8000份）
	152萬日圓（190日圓×8000份）
邊際收益	**512萬日圓（邊際收益率64.0%）**
△固定成本	430萬日圓
人事費用	250萬日圓
店鋪設備費等	180萬日圓
營業利益	**82萬日圓（銷售營業收益率10.25%）**

透過飯糰和烏龍麵的組合，提高客單價

只有20日圓的飯糰，變動成本提高

客單價500日圓，邊際收益率62.2%➡提升至64%

想提高收益能力時，將主要商品與高邊際收益率的商品（低單價的商品也行）組合銷售，企圖提高邊際收益率與營業利益率，是常用的手法。速食店的套餐組合也是一樣的道理。

兼職員工也能創造附加價值的結構

在此，以客單價超過五百五十日圓的丸龜製麵為例。現在各位對於提高營業利益率的行銷策略，應該都有所認識了吧。

從入口處的製麵、煮烏龍麵、烏龍麵擺盤，到炸天婦羅、捏飯糰、結帳等流程，都有員工各司其職。每位員工都專注於自己負責的部分，所以能夠提升顧客周轉率。

重點在於，如何讓兼職員工變成戰力。看到店員邊捏飯糰邊跟客人交談，很自然就會伸手拿起飯糰，這是非常巧妙的心理技巧。可以感覺得出來，每位員工都受過特別訓練。

想提高自助烏龍麵店的邊際收益率（附加價值率），關鍵在於兼職員工。兼職員工的人事費用是時薪，這是**利用固定成本創造附加價值**的代表。

無論是便宜也好，量多也罷，只要以方便為導向，針對消費者的真正需求提出解決方案，就不會陷入激烈的價格競爭。

將策略與數字連結在一起，創造利益的結構是不是變得比較清楚了呢？如果各位能理解，表示你已經具備足夠的計算能力。

每日低價策略vs.高低價搭配策略，哪個適合你？

許多食品超市、服裝店、酒類量販店、生活用品百貨等，都採取「每日低價」的經營策略。本節將探討這種策略背後的祕密。

多數零售業以High & Low策略為主流

首先，要探討許多零售業採取的低價行銷策略，也就是**High & Low策略**。所謂的High，是指乘以原始毛利後的價格（**適當價格**），而High & Low則有時是適當價格，有時是低價（**特賣價**）。業者會選出特價商品，刊登在廣告單上，並載明回饋五倍點數，藉此招攬顧客。

各位應該都有這樣的經驗：原本只想購買廣告單上的特價商品（**賠錢商品**），結果進入店裡，卻也買了其他適當價格的商品。雖然賠錢商品沒讓店家賺錢，但讓顧客順便購買其他商品以產生利潤，才是店家真正的目的。這就是High & Low策略的本質。

可是，High & Low策略也有其問題。首先，許多消費者只買特價商品，當這種專買便宜貨的顧客變多時，整間店的**毛利率便會降低**。

製作宣傳單、陳列特價品、標示價錢、製作POP看板等，都要花費成本（主要是人事費用）。如果特賣成效不佳，營業利益就會減少。

想透過High & Low策略來提高銷售營業利益率，是很困難的。

案例

沃爾瑪能天天低價，是因為壓低採購和管銷成本

在採用每日低價策略的企業當中，最知名的莫過於全球最大的零售商——美國的沃爾瑪。西友超市是沃爾瑪在日本的全資子公司，引進沃爾瑪式的每日低價策略。而且COSMOS藥品旗下的藥妝店，也是以「三百六十五天，天天都便宜」的口號，在業界打出知名度。

每日低價策略的基本概念，是「所有商品都一直以低價銷售」。這種策略與每天、每週更換特價商品，或不斷重複部分特價商品，以吸引顧客上門的High & Low策略，在本質上大不相同。

採取每日低價策略，等於告訴消費者，店裡的所有商品都會持續以低價供應，

所以，必須突顯與實行High & Low策略的商店相異之處。

High & Low策略屬於行銷4P的價格策略。相較之下，每日低價策略則屬於經營策略。因此，必須擬訂能夠持續以低價供應的機制。箇中關鍵在於成本結構。

成本結構決定價格

圖4-6上方，是永旺集團和伊藤洋華堂等大型超市的成本結構。

大型超市的毛利率是二九・三%，營業額中，營業費用所佔比例是二七・七%，所以營業利益率很低，只有一・六%。因為將廢棄或毀損、被竊時造成的損失也算在營業成本裡，推估營業額中的**賠率**是三%。

以這間大型超市的成本結構來看，在設定價格時，期初加價率必須是三二・三%以上。所謂的期初加價率，就是設定最初價格（適當價格）時的毛利率。因為要考慮到賠率，所以數值較大。

將上述關係整理之後，**期初加價率三二・三%＝賠率三%＋毛利率二九・**

圖4-6 大型超市與沃爾瑪的損益結構

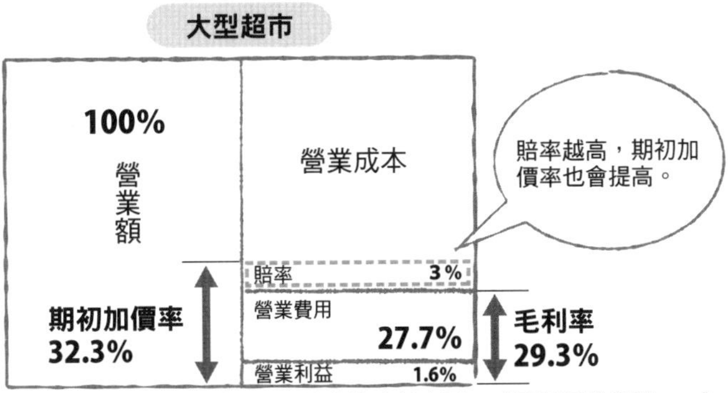

※註：營業利益率、營業費用比率等資料來源：《日經經營指標2011》。
※註：賠率是推估數值。

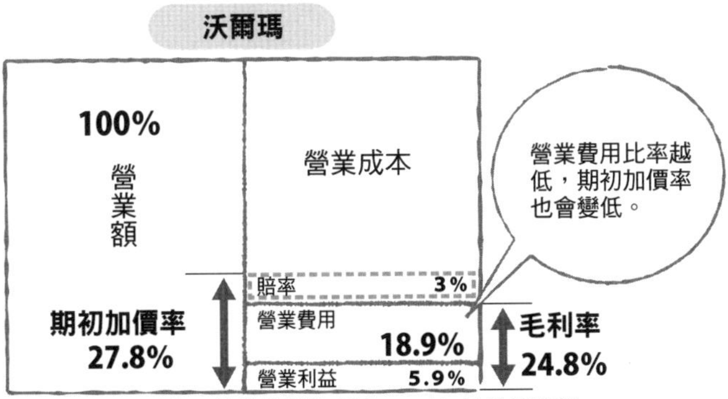

※註：營業利益率、營業費用比率是2013年1月份的資料。
※註：賠率是推估數值。

三%。因此，大型超市的期初加價率為三二・三%。

圖4-6下方是沃爾瑪的成本結構。營業費用比率低，是一八・九%；營業利益率高，是五・九%。即使推估毛利率是二四・八%、賠率是三%，期初加價率也是二七・八%，遠比大型超市還要低。

從以上數據可知，營業費用比率高的公司，一定要將商品訂價訂得比營業費用比率低的公司高。多數日本零售商的營業費用比率偏高，約在二〇至三〇%左右，已經變成沒有訂定高價，就沒有利潤的情況，所以只好採取問題也很多的High & Low策略。

各位在看了沃爾瑪的損益結構表後，就會知道採取每日低價策略的零售業，徹底實行讓採購成本和營業費用比率降低的**低成本經營策略**。

量產的迷失：雖然能壓低成本，但會引爆價格戰兩敗俱傷

該如何降低營業費用呢？以下舉出實際例子來說明。

以九州為基地，稱霸西日本市場的COSMOS藥品，是藥妝業中實行每日低價策略最徹底、最成功的企業。你看過數據後，就能明白箇中原因。

請參照圖4-7，這是大型藥妝店的營業額中，毛利、營業費用、人事費用所佔比例的直線圖（參考二〇一二至二〇一三年的網路資料，可以知道當時通貨緊縮的壓力特別強）。

在毛利率方面，COSMOS藥品為一九%是最低，松本清HD為二八・二%是最高，其他藥妝店則都超過二〇%。

圖4-7 各藥妝店的成本結構

由左到右，分別是毛利率、營業費用比率、人事費用比率的比較

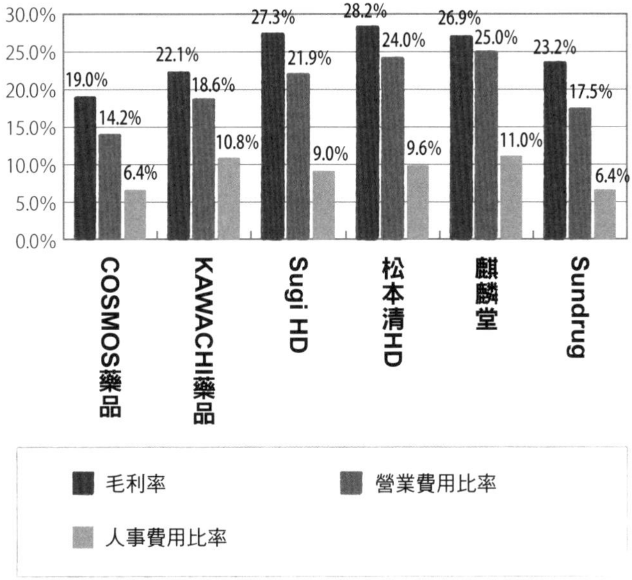

※註：2012-2013網路資料

管銷費比率方面，COSMOS藥品最低，是一四・二%。Sugi HD是二一・九%，麒麟堂是二五%，兩者都偏高。

人事費用比率（人事費用÷營業額）方面，COSMOS和Sundrug都很低，是六・四%。由此可以看出，若是佔營業費用將近一半比例的人事費用比率偏低，管銷費比率也會變低。

❶ 大型商店集中在小商圈展店

COSMOS藥品鎖定商圈人口數一萬人的地區，以大型商店（賣場面積兩千平方公尺或一千平方公尺）的形式，積極展店（**優勢展店**），採取深耕市場的展店策略。之所以祭出每日低價策略，是為了在食品和日用品銷售上取得高市佔率。這個「小商圈大藥妝店」是COSMOS獨有的策略。

因為採取這個策略，店鋪與設備可以標準化，現場從業人員的工作也更有效率，透過自動訂購系統減少庫存管理成本，進而達到降低營業費用比率的效果。加上店鋪集中，配送效率提升，物流成本也隨之降低。

❷沒有點數回饋、沒有特賣活動、不能刷信用卡、沒有電子錢包

以折扣店密集的九州作為基地的COSMOS藥品，認為只要能贏得當地消費者的信賴，他們就會變成忠實顧客。因此，COSMOS藥品廢除特賣活動與集點卡，以貫徹每日低價策略、以**現金交易**的理念。

對消費者而言，現金折抵比集點回饋賺更多，第三章KS電器的範例已說明這一點。COSMOS的官方網站上登載以下說明：「本公司不再實行『誘餌促銷法』，堅持每天提供便宜的商品，希望能贏得消費者的信賴。」

此外，在COSMOS藥品的店舖，不能刷卡，也不能使用電子錢包結帳，因為這樣就不需要付手續費給信用卡公司。

❸販賣食品，創造現金流

COSMOS的食品（加工食品、麵包、牛奶等日常食品、調味料等）的銷售分配比超過五〇%。此外，因為生鮮三品（肉、魚、蔬菜）要支出保鮮管理等費用，不列入討論。

圖4-8　各藥妝店周轉金的狀況

由左到右，分別是庫存、應收帳款、應付帳款（周轉天數）的比較

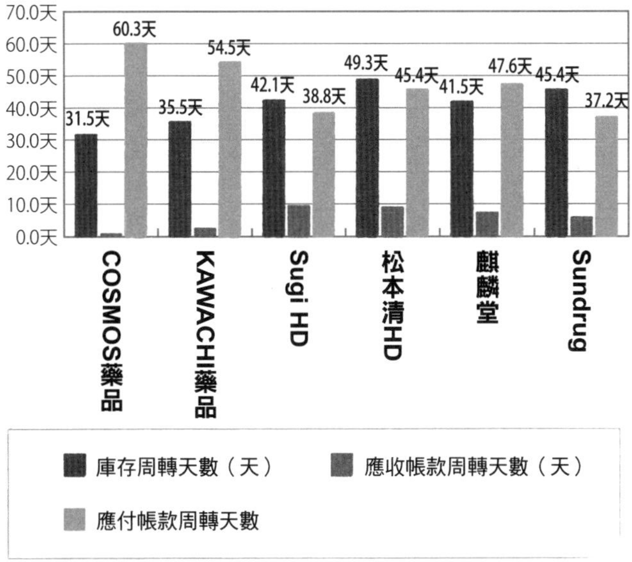

※註：2012-2013網路資料。

請參照圖4-8。COSMOS藥品的庫存周轉天數是三十一・五天（存貨賣出所需天數），是六家藥妝店中天數最少。販售食品種類多也會影響周轉天數的長短。應付帳款周轉天數是六十・三天，是六家藥妝店中天數最長。這代表買進商品後，六十・三天後才需支付貨款。

支付時間晚，手邊就有充足資金（現金存款）可運用。於是，營業現金流（本業賺的現金存款）增加，就算不融資借貸，也有足夠的設備資金和庫存資金。

採取每日低價策略的公司，每天都會推出低價商品，如果能讓消費者知道這個基本概念，就不需要花費廣告費或促銷費來招攬顧客。商品是由總公司集中採購，因為大量訂購，可以降低採購成本。因此，需要足夠的資金與營業規模。

同樣地，沃爾瑪憑藉著龐大的規模與銷量，有強大的採購議價能力，能以低價買進商品，再透過業務標準化、系統化，壓縮人事成本，徹底推行每日低價策略。

企業想在採購上議價，本身必須具備銷售能力。大型零售業之所以積極展店，企圖衝高市佔率，就是希望在商品的採購和議價上處於優勢。基於這個邏輯，批發商和製造廠商被迫面臨嚴竣的殺價競爭。

案例

夏普與索尼都量產薄型電視，內製、外包結果大不同

接下來，介紹和分析採取低價策略卻失敗的例子，例如薄型電視。

薄型電視從二〇〇三年左右開始普及，到二〇一一年七月二十四日，日本各地停止播放類比電視訊號為止，普及率已經超過七五％。當時，夏普、Panasonic、索尼都大打廣告，各位應該都記憶猶新。

然而，隨著普及率增加，薄型電視的價格卻一路下滑。原因在於大量製造所產生的量產效應，促使製造成本下降，再加上與各國品牌的價格競爭日益激烈，讓市場價格一蹶不振。電腦等資訊器材也歷經相同的慘況。

當價格下跌時，購買人數確實會增加，但最後會是什麼樣的情況呢？

現在我們一起思考，藉由量產來降低成本的策略，到底會對公司的營運造成什麼影響。

「大量生產，價格就下跌」的量產結果

我們透過數字，檢證「大量生產，價格就下跌」的原因。

生產產品時所產生的費用，大致可以分為固定成本和變動成本（請見圖4-9）。固定成本包括勞務費、折舊費、租賃費等項目，這些費用與生產量無關。變動成本則是材料費和外包加工費，變動成本的高低與生產量成正比。

假設固定成本是兩百，生產量是十個，每件產品的固定成本就是二十。若生產量增加為二十個，每件產品的固定成本會降低為十。因此，當生產量增加時，每件產品的固定成本會下降，就能降低製造成本。

至於材料費，以購入十件與購入二十件來看，後者比較容易與對方議價，有機會降低採購單價。假設購入十件材料，一件是一・五，如果購入二十件，每一件的

圖4-9 產品（每單位）的成本結構

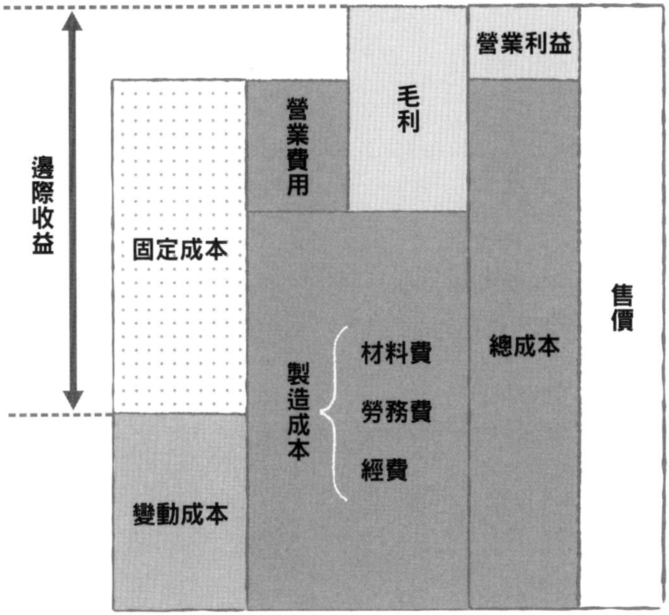

固定成本200

生產10個，每件產品的固定成本是20（200÷10）

生產20個，每件產品的固定成本是10（200÷20）

固定成本200＋變動成本（材料費）時

生產10個，每件產品的製造成本是21.5（＝20＋1.5）

生產20個，每件產品的製造成本是11（＝10＋1）

※生產量增加，製造成本就會下降。

材料費就降為一。

接下來，請以「固定成本＋變動成本（材料費）」的公式，來思考製造成本。

生產量十個（購入十件材料）時，每個產品的製造成本是二一・五（固定成本二十＋材料費一・五）。生產量二十個時，製造成本就是十一（固定成本十＋材料費一）。

即便加上變動成本，當生產量增加時，製造成本也會下降。這就是**量產效應**（營業費用也包含變動成本和固定成本，因此能降低製造成本與營業費用合計的**總成本**）。

向外調度商品，真的能降低成本嗎？

想提高量產效應，就一定要大量生產。

這時必須仔細分析狀況，並決定要向外調度（外包）或內部製作（自己生產）。現實中，以向外調度的公司居多，現在就透過數據來解釋這個現象。

以下將藉由生產薄型電視的相關資訊，試算每一台電視的總成本。

首先是A案例，採取內部製作的方式，自行採購零件等材料，將基本零件加工後，再組裝起來。

A：內部製作的例子
每個月的成本資訊

材料費	兩萬日圓／台	→ 變動成本
勞務費	四億日圓	固定成本＝六十億日圓
經費	五十億日圓	
營業費用	六億日圓	

❶ 假設每個月生產與銷售十萬台

變動成本兩萬＋固定成本六十億÷十萬台＝兩萬＋六萬＝八萬日圓／台。由此可知，每台電視機的總成本是八萬日圓。

❷ 假設每個月生產與銷售四十萬台

若每個月生產與銷量四十萬台，也就是❶的四倍，每台電視的總成本會是多少呢？為了讓各位容易了解，在不降低材料費的條件下計算。

變動成本兩萬＋固定成本六十億÷四十萬台＝兩萬＋一．五萬＝三．五萬日圓／台。

兩種情況下的每台總成本，分別為八萬與三．五萬日圓，差了四．五萬日圓，這就是固定成本的量產效應。

每一台的固定成本差距是四．五萬日圓（六萬日圓－一．五萬日圓），總成本的差距與固定成本的差距一致。

若將生產與銷售數量設定為四十萬台，因為大量採購使材料費減半，變成一萬日圓／台，那麼每一台的總成本將會變成二．五萬日圓（變動成本一萬＋固定成本一．五萬）。如果是這樣，售價可以再降低。

接著是B案例，向外調度基本零件，再自己組裝。

B：向外調度的例子

每個月的成本資訊

材料費	八萬日圓／台	→ 變動成本
勞務費	兩億日圓	固定成本＝二十億日圓
經費	十二億日圓	
營業費用	六億日圓	

❶ 與A案例相同，假設每個月生產與銷售十萬台

變動成本八萬＋固定成本二十億÷十萬台＝八萬＋兩萬＝十萬日圓／台。每台電視機的總成本是十萬日圓。

❷ 假設每個月生產與銷售四十萬台，會是什麼情況？

跟A案例一樣，在不降低材料費的條件下計算。

變動成本八萬＋固定成本二十億÷四十萬台＝八萬＋五千＝八・五萬日圓／

台。

兩種情況的每台總成本，分別是十萬與八・五萬日圓，差距一・五萬日圓，這就是固定成本的量產效應。

每台的固定成本差距是一・五萬（兩萬日圓－五千日圓），總成本的差距與固定成本的差距一致。

向外調度基本零件，這些支出幾乎都會轉換為變動成本。因此，固定成本的量產效果只有一・五萬日圓。即使大量採購基本零件，因為零件購買商變多，所以無法像內部製作那樣，讓材料費的採購單價大幅降低。

基本零件的採購單價是八萬日圓，如果降價三〇%，變成五・六萬日圓，每台的總成本就變成六・一萬日圓（變動成本五・六萬日圓＋固定成本五千日圓）。但相較於內部製作，材料費是每台一萬日圓，總成本是二・五萬日圓，向外調度的總成本還是多了三・六萬日圓（六・一萬日圓－二・五萬日圓）。

透過總成本檢視內部製作與向外調度的量產效應

說明到這裡，希望各位明白一件事，當生產與銷售量越大，總成本（變動成本＋固定成本）就越低。而且，支出較多固定成本、採取內部製作的公司，總成本降低率會比支出較多變動成本、採取向外調度的公司還要多。

參考圖4-10，透過生產銷售規模來計算兩者的總成本，並畫出折線圖。若在生產台數少的階段向外調度，總成本較低。

隨著生產台數增加，兩者的總成本幾乎一樣。然後到了某個數量，情況就會逆轉。生產量是六萬七千台左右時，兩者的總成本一致。但如果後來台數再增加，則是採取內部製作的公司總成本變少。

所以，如果能事先預料到市場會變大（成長），可以採取內部製作，降低總成本，提高價格競爭力。

夏普採取內部製作，企圖創造量產效應，索尼則採取向外調度

二〇〇九至二〇一一年期間，薄型電視的市價大幅下滑。二〇一一年七月二十四日，日本全面停止播放類比電視訊號，改為播放數位電視訊號，導致電視的銷售競爭變得更加激烈，還一度發生售價下跌五〇%的狀況。

夏普在三重縣龜山工廠所製造的「龜山機種」獲得高度評價，並暢銷熱賣，於是夏普為了降低製造成本，將生產技術祕密獨家化，決定內部自行製作液晶電視。

二〇〇八年，受到雷曼事件影響，全球景氣疲軟，低價競爭相當激烈。在這種景氣環境下，二〇〇九年十月，夏普在大阪府堺市投入大約三千八百億日圓的資金，讓負責生產液晶面板的堺工廠正式動工。但後來，堺工廠的運轉率下降，導致獲利轉為虧損（本期純損）。

在二〇〇〇年之前，想在市場佔有競爭優勢，削減包含面板在內的基本零件

圖4-10 內部製作與向外調度的總成本差異

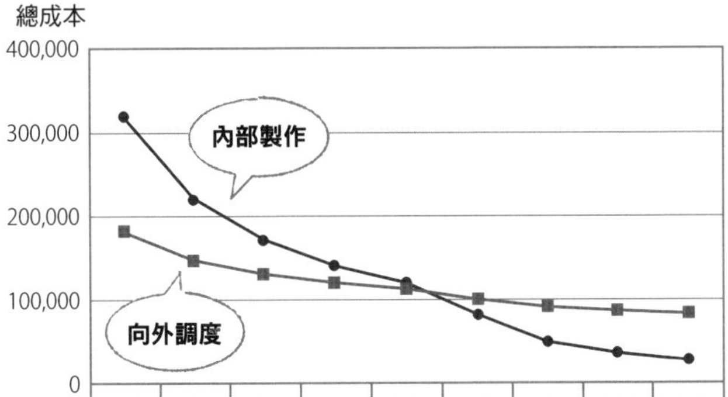

	2萬台	3萬台	4萬台	5萬台	6萬台	10萬台	20萬台	40萬台	100萬台
向外調度	180,000	146,667	130,000	120,000	113,333	100,000	90,000	85,000	82,000
內部製作	320,000	220,000	170,000	140,000	120,000	80,000	50,000	35,000	26,000

數量在67000台左右時，兩者的總成本一致。

向外調度的40%　30%

製造成本，是決定性關鍵，除了夏普，Panasonic等其他公司，也決定自行製作基本零件。

然而，在這片聲浪中，索尼採取不同的做法，向三星、夏普等公司調度液晶面板。後來，索尼為了重拾價格競爭力優勢，也改變策略，打算提高內製率。但削減總成本的速度卻趕不上價格下滑的速度，只能看著業績一路惡化。接下來，將透過會計（計算能力）觀點，檢視這股演變。

當每台薄型電視的售價降到九萬日圓以下時，損益平衡點是多少？

❶內部製作案例的損益平衡點銷售量是多少？

首先，利用內部製作範例（A）的資料，推估損益平衡點銷售量。

先算出每台電視的邊際收益。

售價九萬－每台電視的變動成本（材料費）兩萬＝七萬日圓／台。賣出一台電視，可以創造七萬日圓的邊際收益。

固定成本六十億日圓是一定要支出的費用，與銷售情況無關。換句話說，支付固定成本六十億日圓的資金，當邊際收益達到六十億日圓時的銷售台數，就是損益平衡點（公式是「固定成本六十億日圓＝七萬日圓／台×損益平衡點銷售台數」）。因此，損益平衡點銷售台數＝固定成本六十億÷七萬／台＝八萬五千七百一十五台（尾數四捨五入）。

如果售出四十萬台，能創造多少利潤（營業利益）呢？

賣出台數超過八萬五千七百一十五台（損益平衡點）時，每一台有七萬日圓的利潤。假設固定成本六十億日圓，能賣出八萬五千七百一十五台，那麼超越損益平衡點後所獲得的就是利潤。

換句話說，四十萬台－損益平衡點銷售台數八萬五千七百一十五台＝賣出可以獲利的三十一萬四千兩百八十五台×七萬日圓＝兩百一十九億九千九百九十五萬日圓。

因此，營業利益就是兩百一十九億九千九百九十五萬日圓。

❷向外調度案例的損益平衡點銷售量是多少？

接著，參考向外調度範例（B）的資料，推估損益平衡點銷售量。

先算出每台電視的邊際收益。售價九萬－每台電視的變動成本（材料費）八萬

圖4-11 內部製作V.S.向外調度
（銷售數量40萬台的情況）

	內部製作		向外調度
損益平衡點的銷售台數	8萬5715台	<	20萬台
創造利潤的銷售台數	31萬4285台	>	20萬台
營業利益	219億9995萬日圓	>	20億日圓

※向外調度的營業利益，是內部製作的十分之一。

＝一萬日圓／台。賣出一台電視，可以創造一萬日圓的邊際收益，比內部製作來得少。

固定成本二十億日圓是必須支出的費用，與銷售情況無關。換句話說，支付固定成本二十億日圓的資金，當邊際收益達到二十億日圓時的銷售台數，就是損益平衡點（公式為「固定成本二十億日圓＝一萬日圓／台×損益平衡點銷售台數」）。因此，損益平衡點銷售台數＝固定成本二十億日圓÷一萬日圓／台＝二十萬台。

也就是說，四十萬台－損益平衡點銷售台數二十萬台＝賣出可以獲利的二十萬台，其邊際收益是二十萬台×一萬日圓＝二十億日圓，而營業利益也算出相同的額度。比起內部製作的案例，向外調度的獲利只有十分之一。

❸在向外調度的範例中，如果材料費減少一〇%，每台電視的材料費從八萬日圓變為七．二萬日圓，會是什麼情況？

材料費變動機率高。如果材料費能減少，即便採取向外調度，也可創造出利潤。現在來試算，當材料費減少一〇%時的各項數據。

每台電視的邊際收益＝九萬－七．二萬＝一．八萬。

固定成本二十億日圓÷一．八萬日圓，得出損益平衡點銷售量十一萬一千一百一十二台。在內部製作的案例中，就算材料費沒有調降，損益平衡點也有八萬五千七百一十五台。相較之下，在向外調度的案例中，損益平衡點是十一萬一千一百一十二台，明顯多出許多，創造的利潤自然較多。

向外調度範例中，因為每台電視的邊際收益（邊際收益率）小，必須大量賣出才有利潤。因此，很可能會陷入過度重視營業額或陷入薄利多銷的窘境。

可是，當降價競爭，導致市場價格跌落時，像夏普、Panasonic這種以內部製作為主的公司，因為固定成本高，很容易轉為虧損。

請看圖4-12。當損益平衡點銷售數量下滑時，以內部製作為主的公司，因為邊際收益率大，虧損額度會像滾雪球般擴大。固定成本高的製造業業績惡化，是導致巨額虧損的原因之一。

比方說，當售價跌到九萬日圓／台時，以外部調度為主的公司邊際收益率下滑至一一・一％（邊際收益一萬日圓÷售價九萬日圓）。然而，內部製作為主的公司，邊際收益率依舊維持在七七・八％（邊際收益七萬日圓÷售價九萬日圓）。

不過，以內部製作為主的公司，如果沒有提高邊際收益率（無法提供高附加價值），便無法超越高額的固定成本（無法超越損益平衡點），從圖表中也可看出有損失產生。

固定成本高的公司為了避開風險，會採取高獲利策略。這種公司本來就是大起大落。該採取哪種策略，與預測未來的經營環境有關，所以經營幹部扮演的角色非常重要。

圖4-12 內部製作與向外調度公司的損益結構

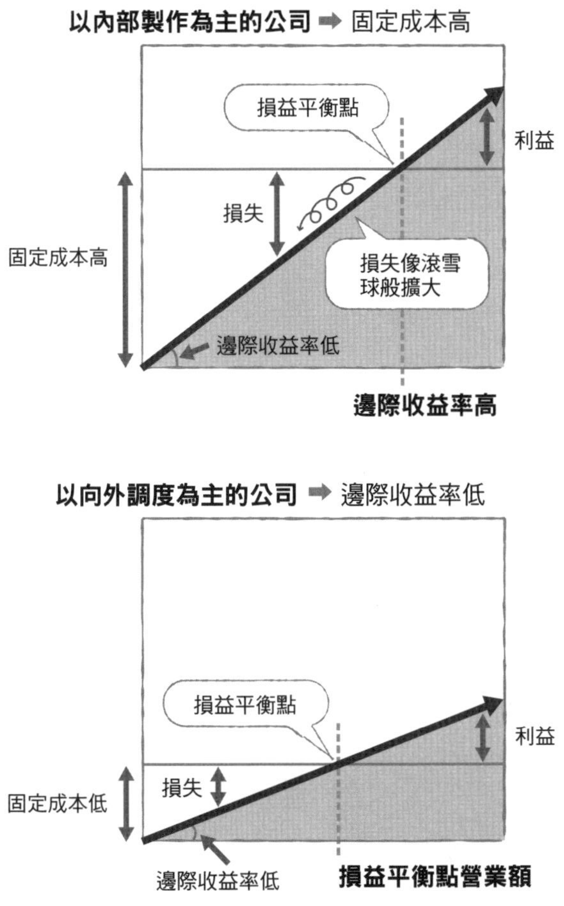

售價僅同業的三分之一，法國餐廳打造出高營業額的勝利方程式

前文介紹過，在激烈的價格競爭下，有許多案例仍然能創造出利潤。最理想的做法是推出新的商業模式，制訂就算不參與價格競爭，也能創造利潤的經營架構。因此，為了打造競爭優勢，如何提升附加價值便顯得格外重要。

本節將介紹在現今需求多樣化的時代，以全新商業模式誕生的「我的法國餐廳」，並探討其價格、經營策略及會計之間的關係。

以立食形式享用高級法國菜的餐廳——透過翻桌率創造利潤

二〇一二年五月，顛覆一般傳統概念的法國餐廳「我的法國餐廳」，在銀座開幕。一開幕就贏得粉領族與上班族的青睞，成為家庭主婦熱烈討論的話題。這間「立食法國餐廳」，結合立食居酒屋與高級法國餐廳的概念，每天還沒開始營業，就已經大排長龍。

在總公司「我的株式會社」官方網站上，有一段社長坂本孝先生介紹企業商業模式的談話：「米其林星級主廚發揮精湛廚藝，以高級餐廳三分之一的價格提供美味餐點。雖然食材成本率超過六〇%，但是一天的顧客翻桌率有三次以上，所以能創造豐碩利潤。」

坂本先生以BOOK OFF創辦人身分聞名，除了「我的法國餐廳」，還開設「我的義大利餐廳」、「我的烤雞肉串餐廳」，以相同的經營理念，積極展開「我的」系列餐廳的開店計畫。

「我的」系列餐廳的商業模式特徵

一、讓消費者在熱鬧的居酒屋氛圍中，享用高級法國菜。

重點在於提供高級法國菜，讓顧客像是在歡樂的立食居酒屋裡享用美食。這是前所未見的全新商業模式。店內融合兩種不同的氛圍，讓顧客大為驚豔，在口耳相傳之下，來客數不斷增加，是一家任何人都能輕鬆入內消費的高級法國餐廳。

二、菜色一流，不吝使用高級食材。

為了打造競爭優勢，這家餐廳採取讓一流廚師烹調高級料理的策略。

在餐飲業，一般都認為材料費比率（材料費÷售價）必須管制在三〇%以下。坂本社長打破這個觀念，提出新的經營方針，主張材料費支出要「不惜成本」，因為這樣才能貫徹由一流廚師端出頂級料理的經營理念。

於是，材料費比率高達六〇%以上。據說，還曾經發生材料費比率超過一〇〇%的情況。

三、店鋪設備不花半毛錢。

因為價位設定在高級法國餐廳的三分之一，一定要想辦法降低成本，所以不能花太多錢在硬體設施上。找中古餐飲店，沿用所有的舊設備，承租不需要改裝的店面，盡可能壓低與設備有關的投資成本。

此外，堅持不花錢裝潢，店鋪設計力求簡單。只有廁所例外，一定要改裝得整潔美觀，否則女性顧客就不會上門了。

四、集中地區展店，藉由與公司內部的競爭來訓練員工。

我的法國餐廳和我的義大利餐廳，集中在銀座八丁目。因為銀座聚集許多很有品味的人，在這裡展店，能夠贏得高度評價。尤其是透過內部競爭，可以提升菜色與員工的服務水準。換句話說，透過員工之間的競爭，達到教育訓練的目的，同時也能增強企業力。

坂本社長在他的著作中說：「如果沒有製造公司內部的競爭，所有店鋪都會慢慢走下坡」，強調競爭對人的重要性。

這是為了實踐「為廚師及所有員工追求幸福的企業」的經營理念，必須採取的策略。

五、一天的翻桌率維持在三次，確保獲利。

一般法國餐廳的翻桌率不到一次。如果可容納的顧客數是二十名，翻桌兩次，就等於來客數是四十名（二十名×兩次）。將座位打造為立食形式，正是為了達成三次的翻桌率。

這個觀念與第一章介紹過，提高收益性（資產報酬率＝收益÷資產）的兩個方法，有相同的概念。若想提高收益性，可以仿效大塚家具，想辦法提高盈利率，或是跟宜得利家居一樣，提高資產周轉率。我的法國餐廳選擇採取後者。

可以站著喝酒的「我的法國餐廳」

如果材料費比率是六〇％，邊際收益率就是四〇％。固定成本高的餐飲店若不提高邊際收益率，就無法創造利潤。一般餐飲店的材料費比率是三〇％，所以邊際收益率是七〇％。

圖4-13　「我的法國餐廳」的收益計畫資料

① 單價3000日圓、容納顧客數50人

② 食材成本率（變動成本比率）60%

③固定成本預估

- 店鋪面積20坪，租金50萬日圓／月（每坪單價2萬5000日圓，包含管理費）
- 人事費10名　共325萬日圓／月
  正職人員4名　每人30萬日圓／月
  兼職人員5名　每人25萬日圓／月
  主廚　　1名　每人80萬日圓／月
- 其他固定成本40萬日圓／月

我的法國餐廳的邊際收益率是四〇%，這是非常低的數字。如果用之前介紹過的損益平衡點分析法試算，會是什麼情況呢？

❶首先，推估預售、變動成本、固定成本的數據

每月數據推估，請參見圖4-13。

❷計算每月固定成本

每月固定成本是四百一十五萬日圓（租金五十萬＋人事費三百二十五萬＋其他固定成本四十萬）。

❸計算損益平衡點營業額

從損益平衡點來看，固定成本＝邊際收益。邊際收益率是四〇％（一〇〇％－變動成本率六〇％）。

因此，固定成本四百一十五萬日圓＝損益平衡點營業額×邊際收益率四〇％，損益平衡點營業額＝固定成本四百一十五萬日圓÷邊際收益率四〇％＝一千零三十七萬五千日圓。

❹假設翻桌率與一般餐廳一樣，只有一次（圖4-14）

翻桌率一次的每月營業額，是客單價三千日圓×五十人×翻桌率一次×三十天＝四百五十萬日圓，並未達到損益平衡點一千零三十七萬五千日圓的標準。

經營安全額是五百八十七萬五千日圓＝四百五十萬日圓－一千零三十七萬五千日圓。

經營安全額＝營業額－損益平衡點營業額。只有五百八十七萬五千日圓，並未達到損益平衡點營業額。當虧損時（營業損失），經營安全額會變成負數。

因為營業額未達標準（負的經營安全額），無法創造預定的邊際收益，所以相同額度的金額會變成虧損金額。虧損金額是兩百三十五萬日圓（經營安全額五百八十七萬五千日圓×邊際收益率四〇％）。如果經營安全額是正數，乘以邊際收益率後所得到的數字就是營業收益。

❺翻桌率兩次、三次、四次的每月營業額分別是多少？

每月營業額如下所示。

A、翻桌率兩次的每月營業額是：客單價三千日圓×五十人×二次翻桌率×三十天＝九百萬日圓。

B、翻桌率三次的每月營業額是：客單價三千日圓×五十人×三次翻桌率×三十天＝一千三百五十萬日圓。

C、翻桌率四次的每月營業額是：客單價三千日圓×五十人×四次翻桌率×三十天＝一千八百萬日圓。

損益平衡點一千零三十七萬五千日圓，是介於翻桌率二次與翻桌率三次之間的營業額，如果翻桌率能有三次，就有利潤產生。

❻若翻桌率達三次，如以下算出的結果，營業利益是一百二十五萬日圓（圖4-15）

若經營安全額是三百一十二萬五千日圓（13,500,000－10,375,000），營業利益就是一百二十五萬日圓（經營安全額三百一十二萬五千日圓×邊際收益率四〇％），營業利益率是九．三％（營業利益一百二十五萬日圓÷一千三百五十萬日圓）。

❼若翻桌率達四次，營業利益立刻增加為三百零五萬日圓（圖4-16）

若經營安全額是七百六十二萬五千日圓（18,000,000－10,375,000），營業利益就是三百零五萬日圓（經營安全額七百六十二萬五千日圓×邊際收益率四〇％），營業利益率是一六．九％（營業利益三百零五萬日圓÷一千八百萬日圓），算是達成高標。

圖4-14 客人翻桌率一次的情況

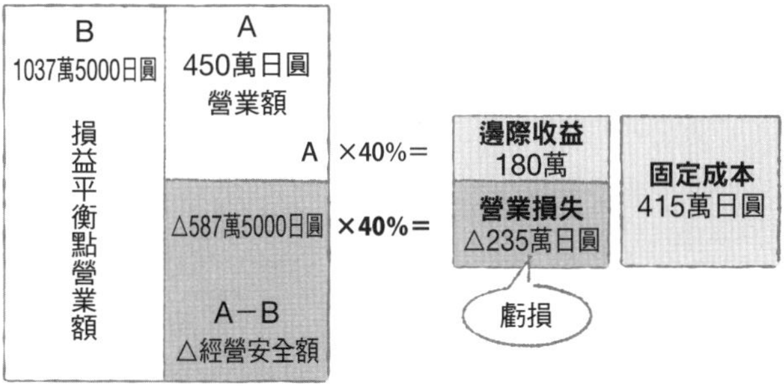

※註：40%是邊際收益率

圖4-15 客人翻桌率三次的情況

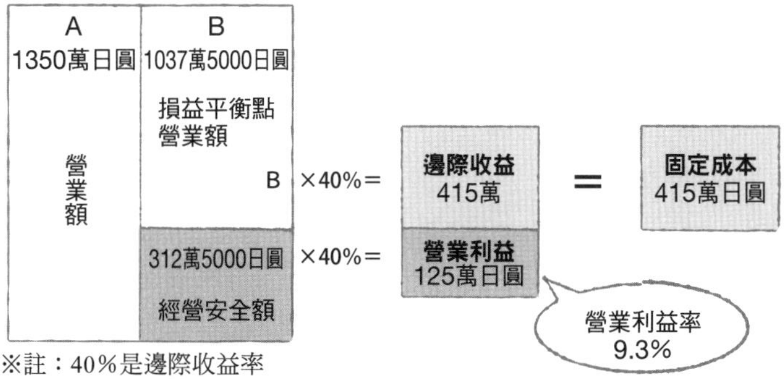

※註：40%是邊際收益率

圖4-16 客人翻桌率四次的情況

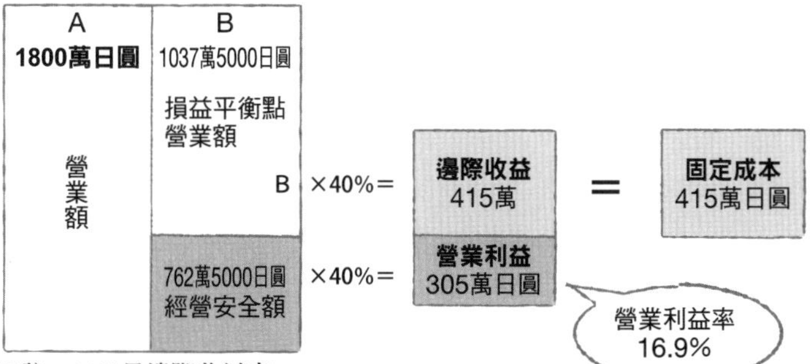

※註：40%是邊際收益率

提高營業額的方程式

那麼，該如何提高營業額呢？

營業額是來客數×客單價的結果，其中，來客數是容納人數×翻桌率，客單價則是指一位客人的結帳總額。盡量讓每位客人點高單價料理，客單價就能提高。

換句話說，營業額＝容納人數×翻桌率×每道菜平均單價×點購數。

一、適當的容納人數是多少？

容納人數視店鋪面積大小而定。不過，面積太大，員工人數也必須跟著變多，人事費用與房租必會提高。這個例子是以五十人為基準。如果容納人數超過五十人，服務品質可能會降低，因此風評變差，永遠招攬不到回頭客。

二、如何提高翻桌率？

能否提高翻桌率，攸關一家餐飲店的生死。決定採取立食方式，是因為站著用餐，讓狹窄的店鋪可以同時容納五十名客人。接著，限制用餐時間，運用換場制來提高翻桌率。不過，一定要採取使客人源源不絕的行銷策略配套。以低價提供美味料理，讓客人覺得物超所值更是關鍵。

在這次試算範例中，損益平衡點的翻桌率是二・三一次。算法是，損益平衡點營業額一千零三十七萬五千日圓÷（五十人×三千日圓×三十天）＝二・三一。

三、如何提高每道菜的平均單價？

想提高每道菜的平均單價（顧客結帳金額÷點購數），可以設計餐點搭配高級酒的組合餐，並向客人大力推薦。因為訂價本來就便宜，透過POP宣傳（介紹現有商品）與員工推薦，應該就能成功提高每道菜的平均單價。

四、如何增加點單數？

員工的問候與服務，是決定點購數的重要關鍵。每家餐飲店都會問客人：「需要飲料嗎？」因為飲料的成本率低（邊際收益率高），若能增加點購數，邊際收益率也會跟著提高。

本章重點整理

■丸龜製麵採用「現點現做」的店內促銷模式，雖然無法提升經營效率，卻能將經營理念真實且直接地傳達給目標客群。

■想降低勞動分配率，常會採用削減人事成本的方法，但這會使分母的邊際收益變少，員工士氣低落。換句話說，提高人事成本，就能成功降低勞動分配率，公司與員工都能共享喜悅。

■想提高收益能力，可以將主商品與高邊際收益率商品組合銷售，來提升邊際收益率與營業利益率，例如速食店的套餐組合就是這個道理。

■分析損益結構表可以得知，採取每日低價策略的零售業，是實行讓採購成本及管銷費比例降低的低成本經營策略。

■以內部製作為主的公司，若無法提供高附加價值，提高邊際收益率，就無法超越損益平衡點，而會造成損失。

※編輯部整理

Date / /

第 5 章

用 4 個生活上常見的價格算式，練出你的數字鼻！

想促銷

「早鳥優惠」讓人撿便宜，為何還能獲利？

早鳥優惠是航空公司、飯店、主題樂園常採用的折扣手段。對於「提早預定，就能以二二折的價格入住夢想中的高級飯店」這種促銷用詞，大家應該都不陌生。顧客真的是撿到便宜，但商家打了這麼多折扣，還能賺錢嗎？

航空公司、飯店、主題樂園的財務共通點

這類服務業，在人事費、折舊費、租賃費、土地使用費與房租等設備費用方面，固定成本很高。

正職員工的人事費和設備費一旦產生，除非採取裁員等經營改革手段，否則這部分的支出無法削減。這類固定成本稱為**不可控固定成本**。

相對地，廣告費、通訊費、交通費等，是可以在預算期限（一年以內）定額增減的固定成本，稱為**可控固定成本**。

前述這些服務業的不可控固定成本佔比高，成為經營上的一大風險。夏普、Panasonic等，以內部製作為主的製造業，也是同樣的情況（請參考第四章）。尤其是不可控固定成本，會隨著時間經過而產生。而且，不管營業額能否提升，不可控固定成本都會維持一定的額度。

回收固定成本的方法是創造利潤的關鍵

只要是固定成本型的公司，特別是不可控固定成本高的飯店業，完全沒有可以削減固定成本的空間。因此，必須利用支付固定成本的資金，創造出極高的邊際收益。請看圖4-12，這和以內部製作為主的製造業有著相同的邊際收益結構。

固定成本高的飯店業，如果能提早確認來客數，確實創造出超越固定成本的邊際收益，就能夠獲利，也能穩定營運狀況。早鳥優惠就是為了提早取得顧客交易的行銷策略。飯店的變動成本包含餐廳食材費、客房使用的牙刷、刮鬍刀、肥皂等清潔用品費，變動成本率約為二〇%。也就是說，邊際收益率是八〇%。如果標準住宿費是每人一晚一萬日圓，每位客人的變動成本就是兩千日圓。

就算早鳥優惠打七折，一晚住宿費變成七千日圓，邊際收益率還是有七一・四%（≒〔7000－2000〕÷7000）這麼高，所以早鳥優惠的確是能創造成效的行銷策略。

但如果是固定成本高的行業，難免會讓人質疑，打了七折、五折，還有獲利空間嗎？現在試算一下，假設半數以上的顧客住宿費都有打折，是否還有利潤（圖5-1）。

這個案例的商務飯店可以容納六十名顧客。假設每月的固定成本是九百九十萬日圓，每天的固定成本就是三十三萬日圓（九百九十萬日圓÷三十天）。假設標準住宿費是每人每晚一萬日圓，邊際收益率是八〇%，便可以創造八千日圓的邊際收

圖5-1　飯店一日營業額的損益結構

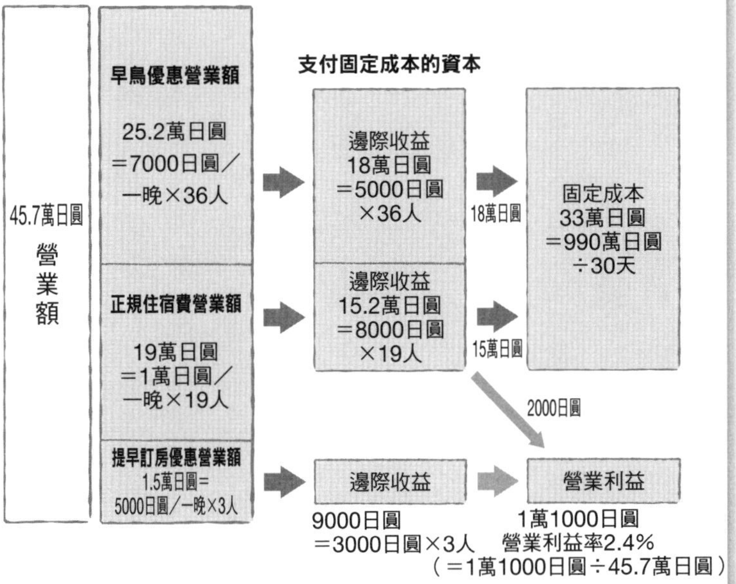

重點

若營業額產生的邊際收益超過固定成本，就能創造營業利益。

益。

因為早鳥優惠方案，住宿費打七折後變成每人每晚七千日圓，可以創造五千日圓的邊際收益（住宿費七千日圓－變動成本兩千日圓）。

如果以早鳥優惠訂房的顧客，有三十六人確實報到住房（可住宿人數的六〇%），便可提早確保十八萬日圓（五千日圓×三十六人）的邊際收益。

在這樣的情況下，只要日後能再創造十五萬日圓（每天的固定成本三十三萬日圓－早鳥優惠確保的邊際收益十八萬日圓）的邊際收益，就達到損益平衡點。換句話說，損益平衡點的住客人數為十八．七五人（十五萬日圓÷八千日圓），如果有十九人是以標準住宿費入住，就有可能產生超越損益平衡點的邊際收益。確定有十九人以標準住宿費入住的話，邊際收益是十五萬兩千日圓（八千日圓×十九人），支付十五萬日圓的固定成本後，營業利益是兩千日圓。

因為還差五人（60－36－19），可住宿人數六十人才會額滿，決定祭出早鳥優惠方案，讓住宿客人變多。在官方網站刊登提早訂房住宿費打五折，等於一晚五千日圓（一萬日圓×五〇%）的資訊，結果增加三個人訂房。請問，這樣的最終營業利益是多少？

因為已經超越損益平衡點，這三位早鳥訂房的客人的邊際收益，將全部轉為營業利益。這時，每人的邊際收益是三千日圓（住宿費五千日圓－變動成本兩千日圓）。換句話說，這三人的邊際收益是三千日圓×三人＝九千日圓，全部列為營業利益。

加上標準收費的營業利益兩千日圓，營業利益一共是一萬一千日圓。營業利益率是二・四％（營業利益一萬一千日圓÷營業額四十五萬七千日圓）。因為希望營業利益率是五至六％，必須增加標準住宿費訂房的客人數目。

建議預先設定多種優惠方案，並妥善分類使用，只要努力提高客房使用率，創造超過固定成本的邊際收益，就能產生利潤。反過來說，如果沒有推出早鳥優惠，無法確保一定數量的顧客，陷入虧損的可能性極高。

因為邊際收益率高達八〇％，折扣率可以訂高一點。然而，零售商和批發商的邊際收益率是一〇至三〇％，如果經常祭出折扣活動，會導致邊際收益率過低，反而會轉為虧損。

航空公司、飯店、主題樂園等固定成本型企業，特別適合運用損益平衡點分析法。這些企業因為固定成本高，首要目標是讓邊際收益超越固定成本，接著再擬訂第二目標，思考如何創造更高的邊際收益（附加價值），這樣就能夠創造利潤。

想漲價

飯店在假期漲住宿費，如何讓顧客甘願買單？

為什麼每逢暑假或黃金週連假，觀光區的旅館和飯店住宿費都特別貴？對於這個問題，許多人會認為基於供需法則，需求大的時候，漲價是很正常的。

不過，事實上並沒有這麼簡單。雖然旅館和飯店也是從供需關係來考量，經過縝密的計算，才決定住宿費，但其實黃金週期間，它們做的是虧本生意。現在要請大家腦力激盪一下，想想原因為何。

熱門旅館的黃金週住宿費結構

某家知名日本旅館平日收費是一人一晚附兩餐，要價兩萬日圓。這家旅館共有二十間客房，以一間客房平均住宿兩人來計算，可以住進四十人。每逢黃金週，幾乎都是預約客滿的狀態。

旅館老闆想在黃金週期間調漲住宿費，可是不曉得該漲多少。假如老闆這樣請教你，你會如何回答？

請試想，為什麼老闆要漲價？因為只要再有預約電話，就必須全部回絕。「要是預約的客人全部入住，旅館可以賺多少錢？」你應該是這麼想的。站在消費者立場，會認為是因為供需問題而漲價。但旅館老闆其實是因為「失去再接客的機會」而想漲價，所以漲價後的價格一定要可以彌補損失。

這麼說來，是不是該站在老闆的立場來決定價格呢？

❶ 損失了多少機會？推估被拒絕的組數

首先，調查黃金週期間顧客的潛在需求。調查預約客滿之後，還會再有多少組客人諮詢預約。結果，被拒絕的客人有十二組。因為一間客房平均入住兩人，十二組等於損失二十四人的住宿費。

❷ 損失的營業額所能創造的附加價值是多少？

損失的二十四人住宿費（營業額）是四十八萬日圓（兩萬日圓×二十四人）。這時，你必須知道每名住宿者的變動成本是多少。餐點材料費等變動成本是四千日圓，所以變動成本比率是二〇％（四千日圓÷兩萬日圓／人），邊際收益是八〇％。

算出來的邊際收益金額是三十八萬四千日圓（四十八萬日圓×八〇％）。如果被拒絕的顧客也能入住，應該會對營業利益有所貢獻。

如果想賺回損失的三十八萬四千日圓，實際入住的四十名房客中，每人要負擔九千六百日圓（三十八萬四千日圓÷四十人）。

因此，如果將黃金週期間的住宿費漲到兩萬九千六百日圓（20000＋9600），就能賺回損失的營業額所創造的附加價值。

這裡補充一個重點：為什麼實際入住的顧客不是分擔營業額四十八萬日圓，而是邊際收益三十八萬四千日圓（每人九千六百日圓）呢？

在營業額四十八萬日圓中，餐點食材費等變動成本是九萬六千日圓（＝四千日圓×二十四人）。如果沒有顧客入住，這筆成本就不會產生。因此，實際入住的其他顧客，不需要負擔沒有發生的費用（變動成本）。

即使損失營業額四十八萬日圓，還是會產生固定成本（換句話說，損失邊際收益，等於損失支付固定成本的資金）。只要有固定成本，損失邊際收益就會讓營業利益變為虧損。因此，損失的邊際收益要由入住的顧客平均分擔，決定訂價時，會加上這筆負擔金額。

雖然要漲價，也要得到消費者的諒解

不過，老闆無法告訴消費者自己如何決定訂價。應該有不少客人會抱怨：「因為黃金週就趁機漲價。」這時老闆該如何對顧客說明，又該如何因應顧客的不滿呢？

最好的解決方法，就是提供物超所值的服務，也就是「用心款待」。因為每位客人讓你多了九千六百日圓的收益（附加價值），是不是應該提供客人不同於平日的特殊服務呢？

從九千六百日圓挪出兩千日圓（約是九千六百日圓的二〇％），購買特殊食材和高級酒，做成料理招待客人如何？客人會覺得，成本兩千日圓的食材所烹調出的料理，有一萬日圓的價值。因為假設材料費比率（變動成本比率）是二〇％，往回推算售價就是一萬日圓（兩千日圓÷二〇％）。這在第二章就已經說明過了。

利益要回饋給員工，必須擬訂回饋對策

九千六百日圓扣掉變動成本兩千日圓，利益剩下七千六百日圓（每名客人的邊際收益九千六百日圓－兩千日圓），乘以二十四人，利益是十八萬兩千四百日圓（若超越損益平衡點，這筆錢就是營業利益）。

為了感謝黃金週期間認真工作的員工，最好從十八萬兩千四百日圓挪出部分金額，當成業績獎金回饋給員工。

在本書中我一再強調，固定成本是創造附加價值的來源。以獎金方式回饋給員工，不但能提升員工的工作熱忱，也是日後創造附加價值的原動力。

高價的真面貌：機會損失

如果價格無法轉嫁，從失去的四十八萬營業額中得到的，只有邊際收益（附加

價值）三十八萬四千日圓而已，營業利益也會減少。在管理會計學中，這三十八萬四千日圓稱為**機會損失**（Chance Loss）。雖然沒有實際損失，會計部門不會列帳計算，但是在進行設定價格等決策時，這種想法很有幫助。

這樣說明，各位應該懂吧？如果可以避免機會損失，就能獲得實際利益，因此經營者不應忽視這個問題。

各種情況都會產生機會損失。當缺貨、待客不周、追加訂單數量超過生產能力時，都有出現機會損失的風險。實際情形是營業額減少，應該得到的邊際收益也減少。然而，邊際收益的減少額度就是機會損失。換句話說，在黃金週期間調漲住宿費，可說是為了彌補機會損失的苦肉計。

想徵人

創造多少營業額，才能支撐一個員工的薪水？

到目前為止，對於價格、策略、會計之間的關係著墨甚多。接下來要談論薪水，**薪水是彰顯你個人價值的價格**。底薪提高、定期調薪等的制度，是為了讓生活已安定的資深員工持續對公司貢獻。

不過，這個機制無法反映個人成果。如果你對自己的薪水不滿意，要思考是不是自己的工作表現不佳。為了消除你心中的不滿，在此介紹一個判定自己薪水是否合理的思考模式。

支付薪水的資本該列為利益，還是營業額？

先問大家一個問題：支付薪水的資本應該列為利益，還是營業額？對此，如果你沒有清楚的認識，就算對薪水再不滿意，也不敢要求上司或公司為你加薪吧。

回答營業額的人，你是否為了達到預估營業額，每天拚命工作辛苦呢？即便營業額提升，也不代表賺到支付薪水的資本。至於原因，後續會再說明。

也有人回答利益。你是不是一個結果論的人呢？請仔細思考一下。營業額－費用＝利益。薪水包含在費用裡。利益是支付薪水後的獲利，這份獲利屬於公司股東。一般來說，利益不能是支付薪水的資本。如果把利益當成支付費用的資本，必須要求公司「付給股東紅利的利益，要回饋一些給員工」。

這叫做**成果主義**，臨時獎金或業績加給便屬於這一類。

重視利益的企業會採取大幅削減成本或裁員的策略，只為了擠出利益。然而，削減成本，尤其是削減固定成本，最後將損及長期利益。在通貨緊縮嚴重的時代，降低成本固然重要，但是更需要腦力激盪，想出各種對策，確保公司正常營運。相關案例已經在第四章說明過了。

支付薪水的資本來源，應該是**附加價值**，也就是本書一再提到的邊際收益。回答附加價值的人，想必已經非常清楚，為何薪資如此低廉，以及造成這種不公平現象的原因。

請再回想一次變動損益表的結構（請見圖5-2）。一家公司會透過各種手段（固定成本）來創造附加價值，也就是邊際收益。第二章已經說明過，在新大谷飯店Garden Lounge喝咖啡，要支付高額費用（邊際收益率高），因為飯店要花錢付薪水給提供優質服務的員工，並維持美麗的庭園景觀、購買餐桌等設備。人事費用（薪水、獎金）、土地使用費與房租、折舊費用、利息支出、稅金、稅後盈餘等，全部來自附加價值。

圖5-2 附加價值是支付薪水等固定成本的資本來源

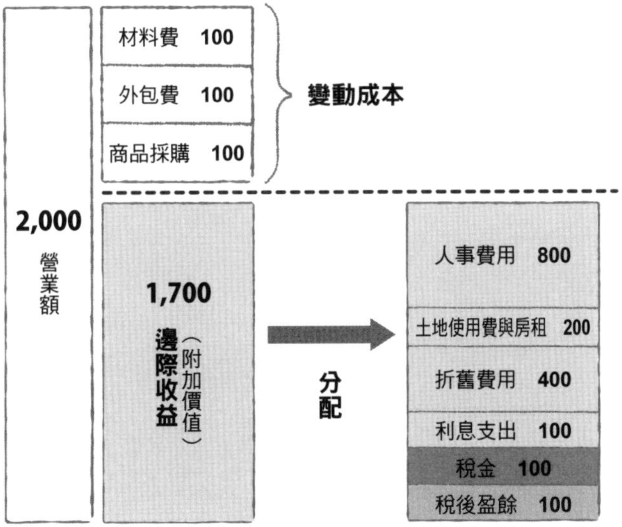

如果你的年收入是五百萬日圓，公司要賺多少錢才能支付你的薪水？

附加價值（邊際收益）要如何分配，是經營者的工作。雖然每家公司的經營方針不同，假設附加價值分配給人事費用、其他固定成本、收益的比例是四：四：二，這家公司可以說是優良企業。附加價值中分配給人事費用的比例，稱為勞動分配率（人事費÷附加價值％）。

一般來說，有盈餘公司的勞動分配率約是五〇％左右。勞動分配率超過五〇％的公司，會分配較多的附加價值在人事費用上。附加價值不高，卻要支付較多的人事費用。雖然看不出公司為了支付人事費用辛苦籌錢，但只要勞動分配率超過五〇％，公司虧損的可能性也會隨之提高。

那麼，用你的年收入來思考這個問題。

假設你的年收入是五百萬日圓，請乘以一・三倍。公司要負擔員工的健保、年金等社會保險保費，公司要支付的人事費用是六百五十萬日圓（年收入五百萬日圓×一．三），遠比你看到的年收入還多出一百五十萬日圓。如果將勞動分配率目標訂為五〇%，必須賺到六百五十萬日圓的兩倍，也就是一千三百萬日圓的附加價值（邊際收益）。

如果你任職公司的目標邊際收益率是二五%，你個人必須達成的營業額是五千兩百萬日圓（一千三百萬÷二五%）（請見圖 5-3）。如果你負責銷售業務，對於這個算式想必會很有感覺。如果無法將營業額提升為年收入五百萬日圓的一〇．四倍，就賺不到支付薪水的資本。

如果部門內有十名年收入五百萬日圓的業務員，一年必須創造五億兩千萬日圓的營業額。經過這樣計算後，你是不是能確實感覺到，預算是否過高或過低。

如果你的公司還有兩名行政部門的員工，他們的年收入是四百萬日圓，合計八百萬日圓。因此，這十名業務員還要負責賺這兩名員工的年薪。將八百萬日圓除以十人，每個人必須再多賺八十萬日圓。

換句話說，如果你是年收入五百萬日圓的業務員，公司的預估營業額就是六千零三十二萬日圓（〔5,000,000＋800,000〕×1.3÷50%÷25%）（請見圖5-4）。

如果不曉得目標邊際收益率是多少，可以參考各產業的平均值來計算。以下數據只是概略標準，零售業是二五%，批發業是一〇至一五%，製造業是四〇%，勞力密集的服務業則是六〇至八〇%左右。

圖5-3　年收入500萬日圓的你，要創造的營業額是多少？

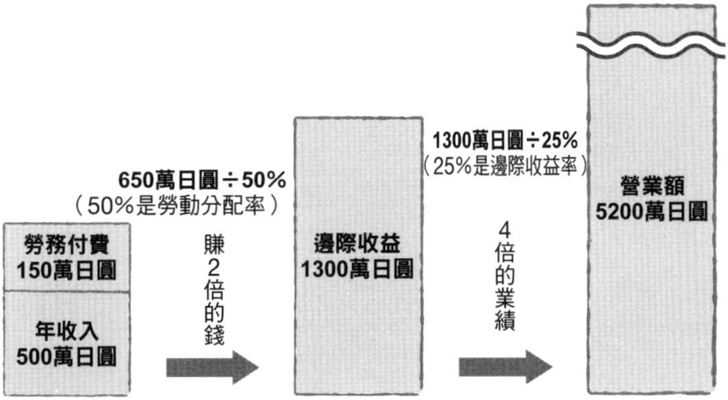

圖5-4　連非營業部門員工的年薪也要賺的話？

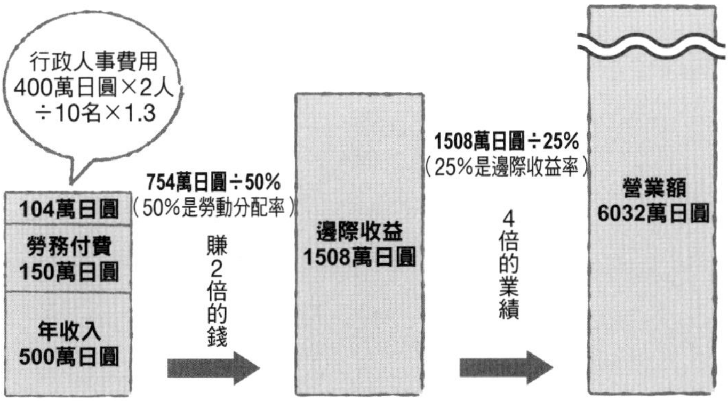

賺差價

股票價格是由什麼決定呢？

最後談論公司的價值，也就是股價是如何決定。在日本，自從小額投資免稅制度（Nippon Individual Saving Account，NISA）開始實施後，對股票投資感興趣的人就變多了。另一方面，聽到許多人說：「股票投資的漲跌風險大，實在很猶豫，不敢投資。」不過，想投資股票，請務必先了解股價是如何決定。

決定股價的原則

想投資股票，一定要學會看資產負債表，首先要明白資產負債表的結構（請參照圖5-5）。股東出資金額是六十（資本：發行十股）和借貸金額四十（負債），合計是一百，然後開始創業營運。使用一百的資金，購買設備和存貨等資產價值一百的物品（請見圖5-5左側的資產負債表）。

後來營運順利，持續創造利益（淨利），三年時間的淨利總計是五十。資產負債表記錄著保留盈餘五十。資產增加至一百九十，因為事業需要而借貸，負債增加至八十（請見圖5-5右側的資產負債表）。如圖所示，資產負債表的左右兩側平衡又稱為平衡表。

股價是以從**每股帳面價值**（Book-value per share，BPS）計算，也就是淨資產除以股數所得到的數字。

讓我們來看看，這間公司三年後的股價是多少。

如圖5-5，資產負債表內容有變動，剛創業時股價是六（淨資產六十÷十股），三年後的股價是十一（淨資產一百一十÷十股）。每股的保留盈餘是五（保留盈餘五十÷十股），代表股價上揚。

股價十一是指每股的淨資產價值（價格），股價總額（**市值**）等於淨資產

圖5-5 決定股價的原則，就在資產負債表

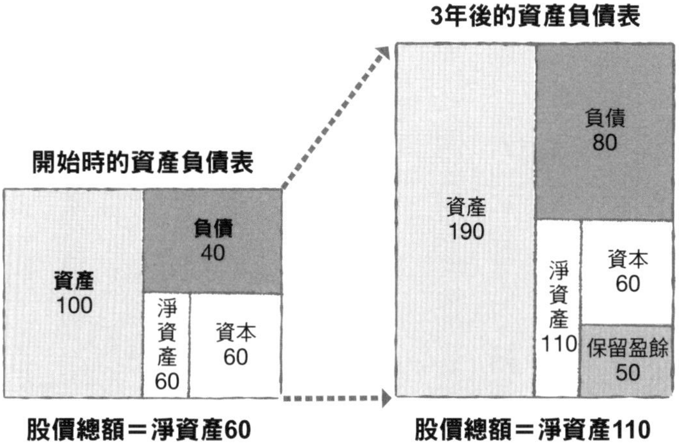

3年後的股價 ➡

① 股東資金（資本60）
＋累積收益（保留盈餘50）＝**淨資產110**

② **淨資產110**×÷已發行股份10
＝ 每股淨資產11＝股價

一百一十。當損益表出現淨利時，資產負債表的保留盈餘增加為五十，淨資產（資產－負債）增加五十，就代表股票市值上漲。

透過這個例子我們得知，決定股價的因素，是資產負債表的淨資產與損益表的淨利。

透過股價淨值比（PBR）尋找績優股

如前所述，原則上股價與每股帳面價值應該一致，但事實並非如此。股價是讓人預測未來並進行買賣的依據。若預測未來每股帳面價值會上揚，就會創造高額的每股帳面價值，於是你會買這張股票。

在檢視這當中的關係時，**每股淨值比**（Price book-value ratio，PBR）是判斷指標（請見圖5-6）。這個數字代表股價會是每股帳面價值的幾倍。

每股淨值比會影響投資人當下的氣勢。平均數字是一・五倍左右。如果是一・五倍，多數投資人會預測現在的淨資產（以資產負債表計算），一年至數年後會上

圖5-6 何謂股價淨值比 ①

$$\frac{\text{股價}}{\text{BPS}} = \text{每股價淨值比（PBR）}$$

① PBR：Price book-value ratio（每股淨值比）

② BPS：Book-value per share（每股帳面價值）

漲一・五倍（請見圖5-7）。

相反地，預測會下跌一倍的公司，表示多數投資人預測這家公司未來的淨資產，會比現在財報上呈現的淨資產少。

比方說，新聞報導曾指出，石油精製商和營銷商的COSMO石油，因為原油等的庫存價值大幅下跌，二〇一五年三月份轉為虧損（淨損失）。保留盈餘減少，淨資產也減少，導致每股淨值比變為〇・七倍。然而，若預估未來原油價格是再度上漲，每股淨值比有可能上漲至將近一倍。

現在的每股淨值比是兩百五十七

日圓，股價是一百八十日圓（每股淨值比是兩百五十七日圓×〇・七），預測當每股淨值比回到一倍時，股價也會回升至兩百五十七日圓。相信這個預測的人，如果能在股價尚未漲到兩百五十七日圓時就買進，就很有可能獲利。

每股淨值比在一倍以下的公司，資產大多會出現資本損失。例如，COSMO石油曾因油價下跌，庫存多而導致資本損失，也曾因工廠、店鋪等固定資產運轉率滑落而賺不到錢。因為當時的趨勢反映出，這家間公司的固定資產價值會下修至合理市值（認列**減損損失**）。

所以，對於業績好，但是每股淨值比跌至一倍以下的公司，一定要仔細研究與觀察。可能是投資人錯過，或是人氣往其他企業或產業集中。這家公司搞不好是意外的黑馬。

不過，當一家公司業績好，股價持續上揚時，要以下面介紹的本益比來判斷。

圖5-7 何謂每股淨值比 ②

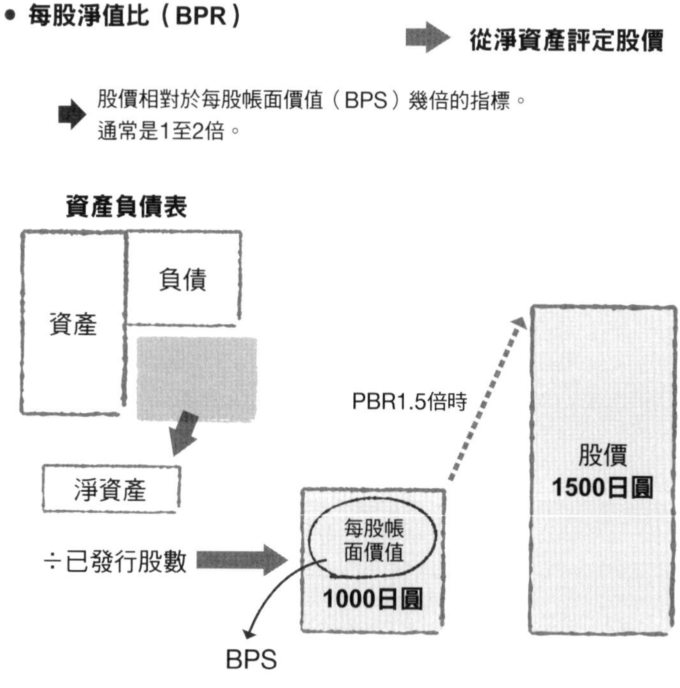

透過本益比檢視短期股價波動

淨利（本期淨利的簡稱）的增減，是導致股價變動的另一個原因。在檢視**每股盈餘**（Earning per share，ＥＰＳ），與淨收益除以已發行股數股價關係時，淨利是重要指標。

這時，通常會把**本益比**（Price earning ratio，ＰＥＲ）（股價是每股盈餘的幾倍）當成判斷指標（請見圖 5-8）。每股淨值比是以淨資產為依據，本益比則是淨利倍數的指標，與近期收益增減有直接關聯。

本益比的平均值約為十五倍。但二〇〇八年美國雷曼兄弟破產，引發金融風暴，以及二〇一一年東北大地震等因素，近年來陸續出現本益比下跌至十倍以下的企業。

可是，在一九九九至二〇〇〇年的ＩＴ泡沫期，卻出現日經平均指數的本益比超過七十倍的異常現象。二〇一三年以後的安倍行情，日經平均指數的本益比約為

圖5-8 何謂本益比 ①

$$\frac{\text{股價}}{\text{EPS}} = \text{本益比（PER）}$$

① PER：Price earning ratio
（本益比）

② EPS：Earning per share
（每股盈餘）

十七倍。

本益比十五倍的涵義

這裡再詳細說明一下。本益比是每股市價相對於其每股盈餘的倍數。若本益比是十五倍，表示投資人認為這家公司持續十五年都會有盈餘（這裡是指每股盈餘）。也就是說，以每股一千五百日圓買進這家公司股票的人，因為每年有一百日圓的盈餘（每股盈餘），十五年後就能回收投資資本（1500÷100）。

若本益比是十倍，表示十年可回

本。就盈餘（每股盈餘）比例而言，股價相對便宜。若本益比是二十倍，二十年才能回本。然而時間越長，無法回本的可能性（風險）就越高。

投資股票若不考慮風險，雖然可能有高獲利，但損失時也會相當慘重。本益比太高的公司，當股價下跌時，損失可能會變大。所謂的日經平均指數，是東證一部主要兩百二十五家公司的平均股價，代表大部份投資人的想法。

想知道日經平均指數的本益比是幾倍，建議經常翻閱報紙。以這個數據為基準，與你感興趣的公司本益比做比較，再思考「倍數高」和「倍數低」的原因，就能清楚地掌握股價波動。

透過本益比，掌握股東動向

再來，針對本益比的部分做詳細說明。

假設每股盈餘一百日圓的A公司，股價是一千五百日圓。本益比是十五倍（1500÷100），屬於一般的股價水準（請見圖5-9）。

圖5-9 何謂本益比 ②

	EPS	股價	PER
半年前	100	1500日圓	15倍
新產品發表	100	2250日圓	22.5倍
一年後	150	2000日圓	13.3倍

題材出盡

- 本益比（PER） ➡ 從盈餘判斷股價

  ➡ 股價相對於每股盈餘的倍數，通常是15～20倍。

損益表

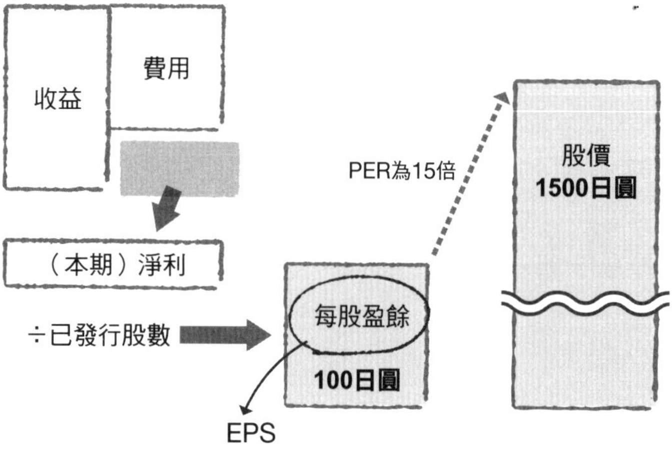

這家公司發表革命性新產品，未來獲利增加的可能性提高，股價上漲至兩千兩百五十日圓。以每股盈餘一百日圓計算，本益比是二十二・五倍（2250÷100）。

A公司股東看到這樣的情況後，認為股價在相對高檔，決定賣出持股。

一年後，A公司的財報仍顯示獲利增加，每股盈餘上升至一百五十日圓。當時股價是兩千日圓，本益比是一三・三倍（≑2,000÷150）。雖然每股盈餘上揚，本益比卻比一年前低。雖然股價看漲，但是回歸現實面時，大家都說這個現象是「**題材出盡**」，沒有人買進，導致股價下滑。

這一年裡獲利最多的人，應該是在利多出現前就買進股票，在利多出現時就賣出。股價要從兩千日圓再上漲的話，需要有新利多（讓獲利增加的原因）出現。所以在新的利多出現前，股價不會有太大波動。

上市公司會在意股價是很正常的。若股價沒漲，經營者在股東大會上會被追究責任。因此，上市公司必須經常思考讓公司獲利增加的策略（開發新產品、開拓新市場等）。如果你是上市公司的員工，請務必具備這樣的思維邏輯。

評估投資獲利的3個方法

閱讀股票或基金手冊時，常會看到「投資獲利」這個名詞。

究竟投資獲利是判斷何者獲利的標準？如果是股票，可能還會提到股東優惠、賣出獲利或賣出損失等資訊。不過，你是否還是不知道該如何判斷呢？

所謂的投資獲利，也就是**投資收益性**。第一章曾提及公司收益性，而投資的重點就在於能否得到相應的獲利。

投資股票的獲利來源有三項：賣出獲利、配息、股東優惠。接下來會逐一舉例說明（稅金、買賣手續費等費用，在此則省略說明）。

❶拿到配息時的獲利

應收款÷當初購買金額，所得出的數據就是獲利。

假設投資二十萬日圓的資金，買進股價一千日圓的股票兩百股，後來拿到每股十五日圓的配息，所以獲利是三千日圓（十五日圓×兩百股）。**配息獲利**就是一・五％（3,000÷20）。配息獲利因為比存款利息高，表示有投資價值。

❷ 拿到股東優惠時的獲利

之後又拿到股東優惠的贈品，價值相當於兩千五百日圓。於是，加上配息，投資獲利是二・七五％（〔3,000＋2,500〕÷200,000）。

❸ 賣出股票時的獲利

若一年後，股價漲到一百五十日圓，決定賣出。**賣出獲利**是三萬日圓（〔一千五百日圓－一千日圓〕×兩百股）。

那麼，計算一下投資股票的總獲利是多少。

獲利部分是配息三千日圓、股東優惠贈品兩千五百日圓、賣出獲利三萬日圓，合計三萬五千五百日圓。投資金額是二十萬日圓，獲利高達一七・七％

（35,500÷200,000）。

假設股票投資成功，就可以得到如此高的獲利。不過別忘了，也必須面臨股價下跌、公司破產的風險。

股價下跌時的判斷方法

如果一年後股價跌至九百日圓，該如何因應呢？倘若沒有緊急資金需求，不必急著賣出股票。這時網路證券等帳戶中，會顯示兩萬日圓（﹝現在的股價九百日圓－買進時的股價一千日圓﹞×兩百股）的**帳面損失**。帳面損失不是實際損失，只是告訴你，如果你以九百日圓的股價賣出，將會損失兩萬日圓。

如果急需資金，以九百日圓的股價賣出，獲利會是多少呢？

因為配息三千日圓，股東優惠贈品兩千五百日圓，賣出損失兩萬日圓（﹝九百日圓－一千日圓﹞×兩百股），合計一萬四千五百日圓（三千日圓＋兩千五百日圓－兩萬日圓），這次投資股票的獲利是七・二五％（一萬四千五百日圓÷二十萬日圓），獲利是負數。

這時候只有兩種選擇，繼續賠錢持股，或是以一萬四千五百日圓停損了結。

如何持續持股，會是什麼情況？

假設沒有賣出股票，持續領取配息和股東優惠贈品三年。

每年配息三千日圓，加上股東優惠贈品兩千五百日圓，共有五千五百日圓的獲利；如果持續兩年，獲利是一萬一千日圓（五千五百日圓×兩年）；如果持續三年，獲利共是一萬六千五百日圓（五千五百日圓×三年）。持股兩年的獲利率是五・五%（一萬一千日圓÷二十萬日圓），持股三年的獲利率是八・二五%（一萬六千五百日圓÷二十萬日圓）。

假設過了三年，突然需要資金，一定要賣出股票。可是，股價卻跌至八百五十日圓。那麼，此時股票投資的總獲利是多少呢？

賣出損失三萬日圓（〔八百五十日圓－一千日圓〕×兩百股），三年總獲利金額是一萬六千五百日圓，等於損失一萬三千五百日圓。投資股票的總獲利率是負六・七五％（一萬三千五百日圓÷二十萬日圓）。

如果股票投資的獲利來源只有配息與股東優惠，確實是高獲利的投資工具。然而，最後股價的漲跌才是影響的最大關聯。

整體經濟動向、個別企業業績，都會對股價造成重大影響。請使用足夠的閒置資金，長期投資。

閱讀至此，若你能明白經營策略、行銷策略與會計計算能力的重要性，實感榮幸。

本章重點整理

■凡是固定成本型的企業，尤其是不可控固定成本高的飯店業，完全沒有可以削減固定成本的空間，因此必須利用支付固定成本的資金，創造出極高的邊際收益。

■機會損失在缺貨、待客不周、追訂數量超過生產能力時，都有可能發生。當營業額減少，應得到的邊際收益也會減少，換句話說，邊際收益的減少額就等於是機會損失。

■支付薪水的資本不是列為利益或營業額，而是列為附加價值，也就是邊際收益，因為一家公司會耗費各種固定成本來創造附加價值。

■決定股價的因素，是資產負債表的淨資產與損益表的淨收益。假如股票投資的獲利來源只有配息與股東紅利，就是高獲利的投資工具。然而，股價的漲跌才是影響總利益的最大因素。

※編輯部整理

國家圖書館出版品預行編目(CIP)資料

星巴克、宜得利獲利 10 倍的訂價模式：為什麼訂高價，買氣卻更好？該如何便宜賣，還能賺更多？ / 千賀秀信著；黃瓊仙譯
-- 第三版 -- 新北市；大樂文化，2025.02
288 面；14.8×21公分. --（Biz：92）
譯自：なぜ、スーツは2着目半額のほうがお店は儲かるのか?
ISBN　978-626-7422-75-5（平裝）
1. 價格策略
496.6　　113019331

Biz 092

星巴克、宜得利獲利 10 倍的訂價模式（暢銷紀念版）

為什麼訂高價，買氣卻更好？該如何便宜賣，還能賺更多？

（原書名：星巴克、宜得利獲利 10 倍的訂價模式）

作　　者／千賀秀信
譯　　者／黃瓊仙
封面設計／江慧雯、蔡育涵
內頁排版／楊思思
責任編輯／簡孟羽
主　　編／皮海屏
發行專員／張紜蓁
財務經理／陳碧蘭
發行經理／高世權
總編輯、總經理／蔡連壽
出 版 者／大樂文化有限公司
　　　　地址：220 新北市板橋區文化路一段 268 號 18 樓之一
　　　　電話：（02）2258-3656
　　　　傳真：（02）2258-3660
　　　　詢問購書相關資訊請洽：2258-3656
　　　　郵政劃撥帳號／50211045　戶名／大樂文化有限公司

香港發行／豐達出版發行有限公司
　　　　地址：香港柴灣永泰道 70 號柴灣工業城 2 期 1805 室
　　　　電話：852-2172 6513 傳真：852-2172 4355

法律顧問／第一國際法律事務所余淑杏律師
印　　刷／韋懋實業有限公司
出版日期／2016年 12 月 05 日 第一版
　　　　2025年 2 月 25 日 第三版
定　　價／320 元（缺頁或損毀的書，請寄回更換）
I S B N／978-626-7422-75-5
